揭秘宇宙

Unveiling the Universe

揭秘宇宙

沈贤勇 著

宇宙的起源与演化

化学工业出版社
·北京·

内容简介

本书采用直白、简洁的语言和大量彩色图片，带大家全面了解宇宙。上篇解答了人们关心的六个主题，宇宙的起源、宇宙的年龄、宇宙的大小、宇宙的演化过程、宇宙的模样、恒星的生命过程，展示了现代宇宙学所取得的非凡成就。中篇通过暗物质、暗能量、起源细节、多重宇宙、宇宙的命运五个主题探讨了宇宙的前沿话题和未解之谜。下篇将人类理解太阳系的历程作为类比，论述现代宇宙学所绘制的宇宙图像是否值得相信，以及可以相信到什么程度。

本书图文并茂，深入浅出，条理清晰，适合对宇宙、天文感兴趣的广大读者阅读。

图书在版编目（CIP）数据

揭秘宇宙：宇宙的起源与演化 / 沈贤勇著.

北京：化学工业出版社，2025．5．-- ISBN 978-7-122-47710-1

I. P159-49

中国国家版本馆CIP数据核字第2025LP3861号

责任编辑：王清颢　　文字编辑：温潇潇

责任校对：赵懿桐　　装帧设计：溢思视觉设计 / 姚艺

出版发行：化学工业出版社

（北京市东城区青年湖南街13号　邮政编码100011）

印　　装：北京缤索印刷有限公司

710mm×1000mm　1/16　印张11　字数159千字

2026年1月北京第1版第1次印刷

购书咨询：010-64518888　　售后服务：010-64518899

网　　址：http://www.cip.com.cn

凡购买本书，如有缺损质量问题，本社销售中心负责调换。

定　　价：89.80元

前言

宇宙到底从何而来？宇宙又如何演化成今天这个模样？宇宙到底有多大？在被追问了几千年之后，这些问题依然困扰着我们，而今天的宇宙学家又给出了全新的答案，绘制了一张全新的宇宙图像。比如说，现代宇宙学已经可以很好地回答：宇宙中的能量如何从无到有，宇宙中的物质来自哪里，组成物质的基本元素如何起源，宇宙如何从最初的能量演化成今天的星系……这些内容正是本书将要呈现给读者的。

尽管每个文明阶段都会提出全新的宇宙图像，但多数人似乎只熟悉前人的答案，对同时代的最新答案却鲜有耳闻。比如在古罗马时代，只有极少数人知道托勒密的宇宙模型，而同时代多数人相信的宇宙图像仍然是神话传说中的宇宙。同样，在今天，多数人仍然遵循着牛顿在几百年前所绘制的图像去理解宇宙，只有极少数人能真正理解宇宙学家最新绘制的宇宙图像。

导致这种局面的因素是多方面的。首先，理解最新绘制的宇宙图像需要大量专业知识，而大多数人并没有这些专业知识，这导致最新的宇宙图像很难被真正理解，甚至被误解。其次，这些误解反过来又导致同时代多数人很难相信和接受这些最新的宇宙图像。于是，最新的宇宙图像需要历经漫长岁月才能渗透进日常生活的语言中，成为大家的常识。

当然，今天的人们对新图像的接受过程正在加快，因为知识在今天的传播方式和速度与已往不可同日而语。本书希望为加快这一传播过程尽微薄之力，采用通俗易懂的语言和大量彩色图片，实现知识图示化，让更多没有专业知识基础的读者也能准确理解最新的宇宙图像。

具体来说，本书上篇通过宇宙的起源、宇宙的年龄、宇宙的大小、宇宙的演化过程、宇宙的模样、恒星的生命过程六个主题展示了现代宇宙学取得的非凡成就。中篇通过暗物质、暗能量、起源细节、多重宇宙、宇宙的命运五个主题展示了现代宇宙学目前还无法完全回答的问题。下篇按照亚里士多德的宇宙、托勒密的宇宙、哥白尼和开普勒的宇宙、牛顿的宇宙、爱因斯坦的宇宙的迭代顺序展示了人类理解宇宙的曲折历程，然后将这些曲折历程作为类比，论述了今天最新的宇宙图像是否值得相信，以及相信到什么程度。

当然，宇宙还有很多未解之谜，比如宇宙诞生之前是什么？宇宙边界之外又是什么？对于这些问题，书中都有详细讨论。比如说，从时间与思维和语言之间的关系出发，书中详细讨论了“之前”“之外”这些语言有效性的范围；宇宙大反弹理论能否回答宇宙诞生之前是什么；多重宇宙理论能否回答宇宙边界之外是什么。

对宇宙的理解无疑是我们世界观的组成部分，因此，无论从事什么职业，了解人类最新绘制的宇宙图像非常有必要，这将重塑我们的世界观。通过本书，你对自己在这个世界中的位置也许会有一个全新感悟。

沈贤勇@川山洞主

2024年正月于杭州

目录

上篇
宇宙在今天的图像——我们的认知边界已到哪里

第 6 章 宇宙的四种大小

第 7 章 宇宙的五个生命阶段

第 8 章 宇宙的六种模样

第 9 章 我们来自哪里——恒星的中心

中篇
还有什么不知道——编织缺少的拼图

第 10 章　暗物质——困扰我们一百年的难题

第 11 章　暗能量——我们在等待下一个“牛顿”

第 12 章　宇宙起源的细节——现有理论已是强弩之末

第 13 章　宇宙之外是什么——历史还会重演吗

第 14 章　宇宙未来会怎样——各种结局都是灾难

下篇
宇宙大爆炸理论值得相信吗

第 15 章　我们是如何相信太阳系的

第 16 章　我们已有哪些观测证据

第 17 章　现代科学方法的局限

参考文献

上篇

宇宙在今天的图像
——我们的认知边界已到哪里

第 1 章 历史总是惊人的相似——几百年后历史书中的今天

对于物理学家而言，这些谜团就是一个个千载难逢的机遇，正等着他们为此奉献毕生精力，毕竟谁又能抵御住成为下一个“牛顿”的诱惑呢？

生不逢时的感觉似乎在每个时代都存在。今天的人们总是怀恋历史上那些风起云涌、群星闪耀的岁月。那些被历史书籍反复书写和渲染的高光时刻，常常让人萌生想要穿越回去亲眼见证它们的冲动。可是，如果真的让你穿梭时空，回到当时的历史场景，比如回到哥白尼的时代，或者回到开普勒和伽利略的时代，你或许仍然体会不到人类思想的那些深刻转变在漫漫岁月中是如何展开的，正如打开这本书的你也许并没有意识到我们对宇宙的认识，在过去几十年已经迎来了多么深刻而且巨大的转变一样。

比如引力波在2016年的首次发现，对大家而言，也许只是一条新闻而已，受到的关注还没有某位明星发表离婚感言多。可是，在几百年之后的历史书上，2016年这一年份将由于引力波的发现被铭记，就像今天的历史书记载了

1609年这个年份一样，因为正是在1609年，伽利略首次将望远镜对准了月球、金星和木星，看到了一个完全不同的宇宙面貌。

伽利略从望远镜所看到的一切颠覆了以往所有先哲们对宇宙的认知，比如伽利略发现金星也会像月球那样阴晴圆缺。这个发现彻底否定了托勒密的地心说，让与之竞争了长达70年的哥白尼日心说获得全胜。不仅如此，当时的人们即使耗尽他们所有想象力也无法预料到，伽利略的这些颠覆以往认知的新发现仅仅是一个新纪元的开始。当后来的探索者们沿着伽利略的道路不断升级改造望远镜，然后对准夜空的更深远处时，这种颠覆还会一次又一次地上演。

引力波的发现就像伽利略当初用望远镜看到了一个完全不同的宇宙面貌一样，标志着另一个新纪元的开启。同样地，今天的我们即使耗尽所有想象力，也无法预料到引力波在未来几百年会将宇宙哪些不为人知的面貌展现出来，如图1-1所示。非常遗憾的是，对于这一激动人心的未来，受困于目前的技术，我们当下还只能沉浸在憧憬中。目前的我们仍然主要沿用伽利略开启的方法——用望远镜去探索宇宙。

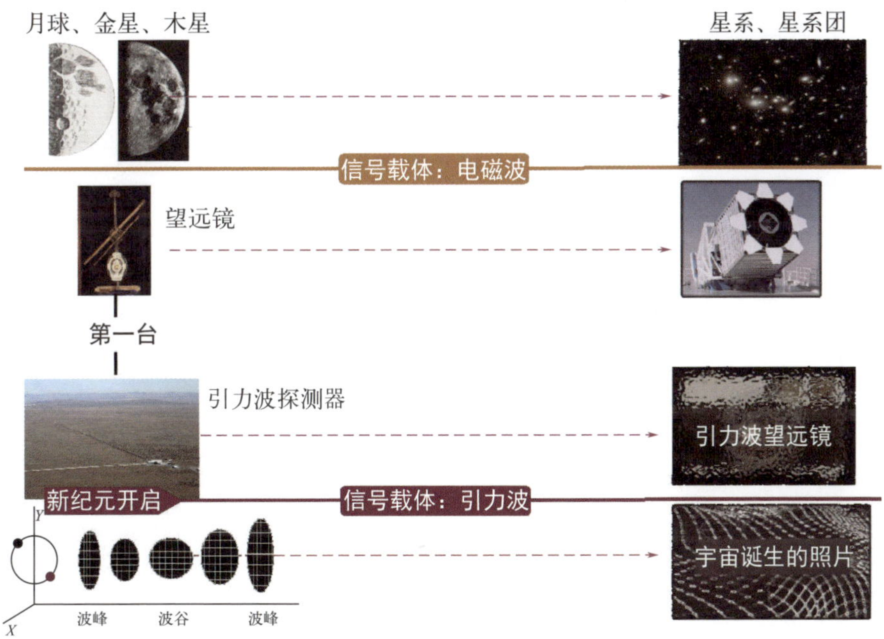

图1-1　引力波的发现具有划时代意义

不过，我们也不必为此感到沮丧，因为即使在望远镜已经被使用了几百年之后的今天，伽利略所开启的这个观测方法仍然还在继续颠覆我们对宇宙的认知。比如说，两个超新星观测团队在1998年同时对外宣布，将望远镜对准超新星之后，他们居然看到宇宙正在加速膨胀。这个出乎意料的结果彻底否定了之前认为宇宙会减速膨胀的观点。

同样，作为今天这个时代的见证者，很多人甚至都没有听说过这一新闻。可是要知道，从颠覆的程度来说，能与1998年相提并论的年份也要追溯到1609年了，因为就在这一年，开普勒对外宣布，火星居然是孤零零地在一条椭圆轨道上围绕太阳旋转。这个出乎意料的发现彻底否定了统治近2000年的传统观点，即认为行星镶嵌在天球上，而行星的运行是被旋转的天球所带动的，如图1-2所示。

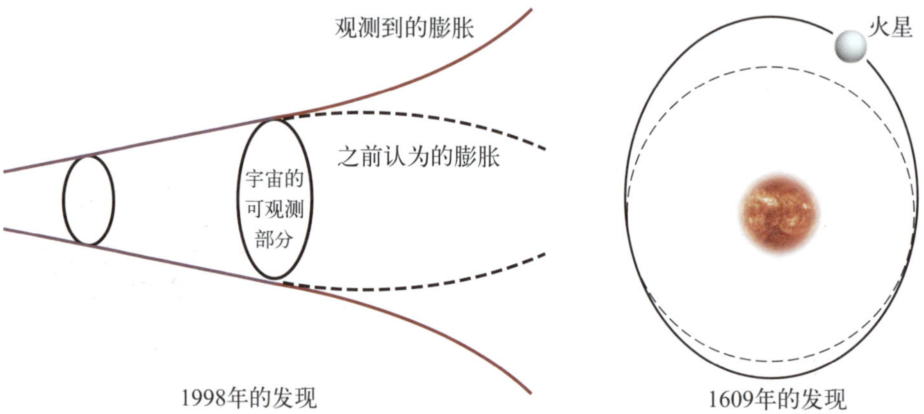

图1-2　人类颠覆宇宙观的两次发现

如果再往前追溯，1543年是另外一个被历史铭记的年份，因为正是在这一年，哥白尼在《天球运行论》中向世人宣布：地球以圆周运动方式绕太阳旋转，而不是像传统观点所认为那样静止不动。能够与哥白尼这个颠覆性观点相提并论的发现需要等到1929年，因为正是在这一年，哈勃发现宇宙的空间正在不断膨胀，而不是像传统观点所认为的那样永恒不变。

所以，在历史地位上，哈勃在1929年的发现（即宇宙正在膨胀）相当于哥白尼1543年的发现；而1998年的发现（即宇宙膨胀还在加速）就相当于开普勒1609年的发现。

哥白尼、开普勒和伽利略的发现让我们看清楚了太阳系是如何运行的，而之后的牛顿构建了一个完美的理论，成功解释了太阳系为什么如此运行，最终破解了太阳系的秘密——这个已经困扰了人类2000多年的谜题，如图1-3所示。无论采用什么样的赞美之词来感叹16、17世纪所完成的这些伟大创举都不为过，因为我们居然可以在如此高的精确度上对太阳系进行计算和预测，从而迫使过去那个只能令人敬畏的星空开始向我们臣服。

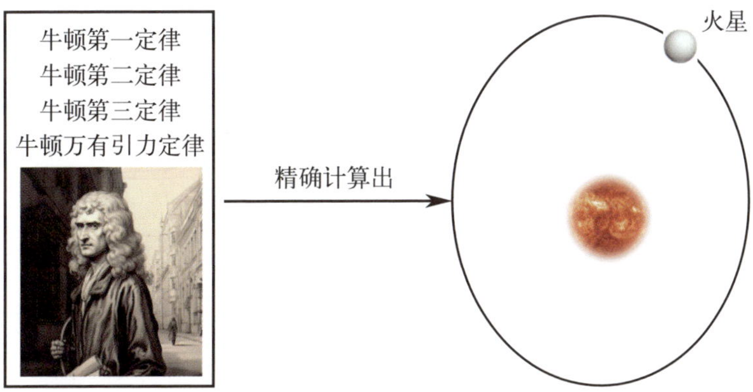

图1-3　牛顿破解太阳系的秘密

不仅如此，此次征伐的最大功臣——牛顿还将他如何征服太阳系的整套方法全部汇集在巨著《自然哲学之数学原理》中，让它得以永世传承，让后人可以利用这套方法继续攻城略地。在今天，这本巨著所叙述的内容被称为牛顿力学，它所开创的方法被称为现代科学的方法。

就像伽利略的望远镜只是一个新纪元的开始一样，牛顿所迈出的这一步也仅仅是个开始，之后的我们沿着牛顿的步伐在宇宙更深处不断开疆拓土。同时，历史又总是惊人的相似，仿佛一切又在重复上演。这一次上演的壮举是，哈勃在1929年的发现和超新星观测团队在1998年的发现，这些发现让我们看清楚了宇宙是如何运行的，而解释宇宙为什么如此运行的理论就是宇宙大爆炸理论。

不过与牛顿力学相比，宇宙大爆炸理论还不是一个完美的理论，还有很多疑问正在等待下一个“牛顿”来解答。

尽管还不完美，但宇宙大爆炸理论所取得的成就足以让后人将20世纪视为像17世纪那样伟大的时代。几百年之后的人们也会毫不吝惜地将羡慕的眼光投向今天的时代，就像我们将羡慕的眼光投向哥白尼、伽利略和开普勒的时代一样。

不过，今天的大多数人可能并没有意识到这一点，但只要简单列举一下宇宙大爆炸理论所取得的成就，大家立即就会明白。比如说，在一个世纪之前，宇宙学家们讨论的主题还停留在银河系是不是宇宙的全部，而在今天，我们已经确信，可观测的宇宙范围内存在着上千亿个星系；在一个世纪之前，连爱因斯坦都认为我们的宇宙是永恒不变的，没有开端，也没有结束，而在今天，我们也已经确信我们的宇宙有一个开端；在一个世纪之前，人们对恒星为什么持续不断发光而百思不得其解，而在今天，我们不仅知道了其背后的原因，而且还搞清楚了恒星、行星都是如何诞生的，构成宇宙的主要元素为什么是氢和氦，它们又最终来自哪里；在一个世纪之前，我们都还坚信恒星等物质就是宇宙所有组成成分，而在今天，我们已经知道恒星物质不会超过宇宙所有成分的5%，组成我们身体的碳氧元素更是宇宙的微量成分。在半个世纪之前，连彭罗斯和霍金都在讨论宇宙是不是诞生于一个奇点，而在今天，我们对宇宙的诞生过程已经有了很好的理论解释。另外，在2019年，我们还首次观测到了黑洞（图1-4），它在未来将成为我们探索时空本性的一把钥匙，从而揭开宇宙学新

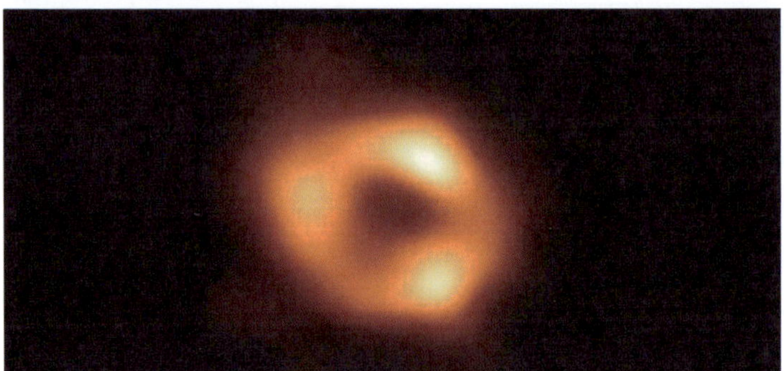

图1-4　发布于2019年的首张黑洞照片

的一页，揭开那些依然让我们困惑的谜题，比如时空是如何起源的。

这些一个接一个的、毫无争议可以载入史册的重大发现，已经足以让我们庆幸生活在当今这个精彩的时代，它并没有像大家所感觉的那样乏味无聊。与过去那些灿烂夺目的历史时期相对比，我们目前就好像处于从开普勒向牛顿过渡的阶段。一切都是那么惊人地相似。虽然眼前还有很多谜团没有解开，但对宇宙的认知理解已经有了巨大的跨越。对于物理学家和宇宙学家而言，这些谜团就是一个个千载难逢的机遇，正等着他们为此奉献毕生精力，毕竟谁又能抵御住成为下一个“牛顿”的诱惑呢！

21世纪的四分之一都快成为历史了，如果对宇宙学在20世纪所取得的这些伟大成就缺乏了解，对宇宙的认知仍然停留在太阳系或者星系这一层面，那就太脱离时代了。这就好像19世纪工厂里的一名工人对太阳系的认知仍然停留在哥白尼之前的中世纪一样。而本书目的之一就是希望帮助大家了解到：我们对宇宙的认知已经达到多么深刻的程度，以及我们又应该以什么样的态度对待这些认知。

图1-5就是今天的我们为宇宙绘制的图像，它代表着我们现有的认知所到

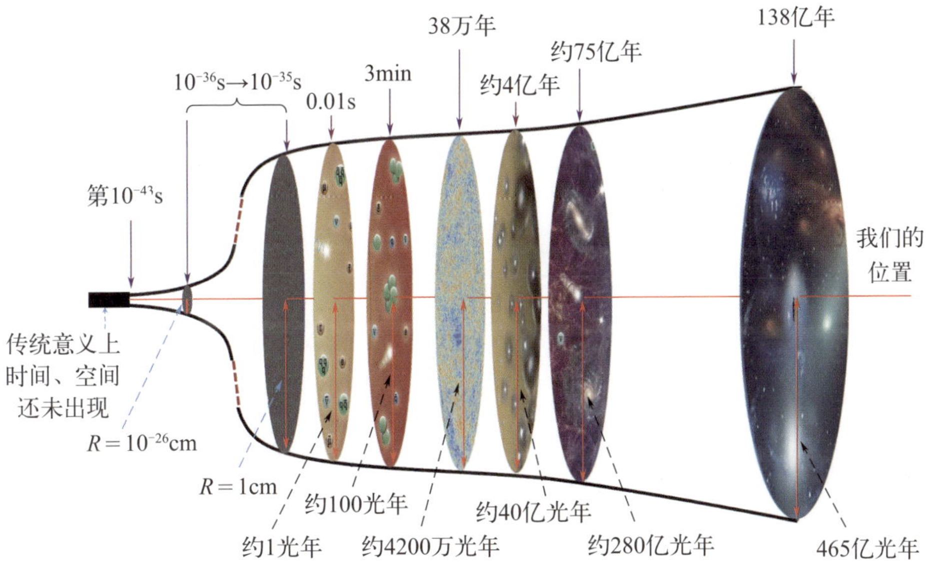

图1-5 宇宙在今天的图像——宇宙大爆炸理论

达的极限。发展到今天，尽管宇宙大爆炸理论还不是一个完美的理论，还有很多地方需要进一步发展，但它仍然是目前为止最成功的理论。它完全是群体智慧的结晶，而非某位天才的单独成就，已经有无数的科学家为之付出过汗水。那么，接下来就先简单展现一下宇宙大爆炸理论的发展历程，然后再来欣赏它的各个细节。

第2章 宇宙大爆炸理论简史

有人提出可以严格计算出宇宙诞生之后第3分钟是什么样子，如果没有铁证如山的观测证据，很难有人会当真。

当牛顿出生的时候，哥白尼阐述日心说的《天球运行论》已经浸润人们思想长达一个世纪，在此基础上又耗费了近半个世纪，描述太阳系的牛顿力学理论才最终得以确立，而宇宙大爆炸理论的历史到今天为止还不到100年。另外，相比于牛顿力学需要冲破一层又一层的思想禁锢才能艰难诞生，宇宙大爆炸理论算是一个顺产儿，它是被20世纪初的两大颠覆性发现自然而然地孕育出来的。

2.1 水到渠成——两大颠覆性发现

第一个颠覆性发现是爱因斯坦于1915年提出的广义相对论。这一发现颠覆了统治200多年的牛顿空间观。空间原来并不像牛顿告诉我们的那样不受物质的影响，而是会被弥漫其中的物质改变，比如空间自身可以产生拉伸，如图2-1左图所示。

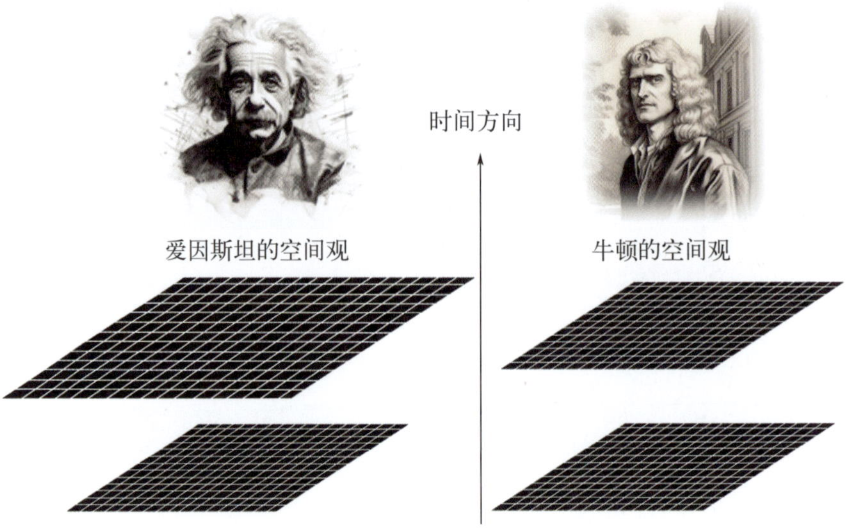

图2-1 人类对空间认知的颠覆过程

采用爱因斯坦这个新的空间观，宇宙的运行过程立刻就以简洁清晰的模样呈现出来了，后面即将谈到这一点。当然，牛顿的空间观曾经也拥有过如此辉煌的历史功绩。遥想当年，人们还在采用统治近2000年的亚里士多德空间观去理解宇宙（即太阳系），空间按位置高低被划分为不同等级，天界与地界互不干涉来往，所有事物都被最外围的天球包裹住[1]。是牛顿那种可以脱离物质而绝对存在的空间观颠覆了这一切，扫除了空间的等级划分，统一了天界与地界，让一切运动过程都遵循同一套定律，最终才让太阳系的运行过程以无比简洁清晰的模样呈现出来了。历史上的这些颠覆经历似乎在提醒我们，如果想要提出一个比当前的宇宙大爆炸理论更加正确的宇宙理论，我们需要耐心等待，等到时空观下一次革命的来临。

第二个颠覆性发现是哈勃于1929年看见我们周围的星系正在离我们远去，

[1] 第15章将会谈到亚里士多德空间观。

并且距离越远的星系离开我们的速度越大。这些现象被宇宙学家称为星系的退行，如图2-2左图所示。也就是说，我们的宇宙并不是稳定不变的，而是在不断膨胀的。这个发现的颠覆性不亚于哥白尼当初发现地球居然不是静止的，而是在不断运动的，如图2-2右图所示。

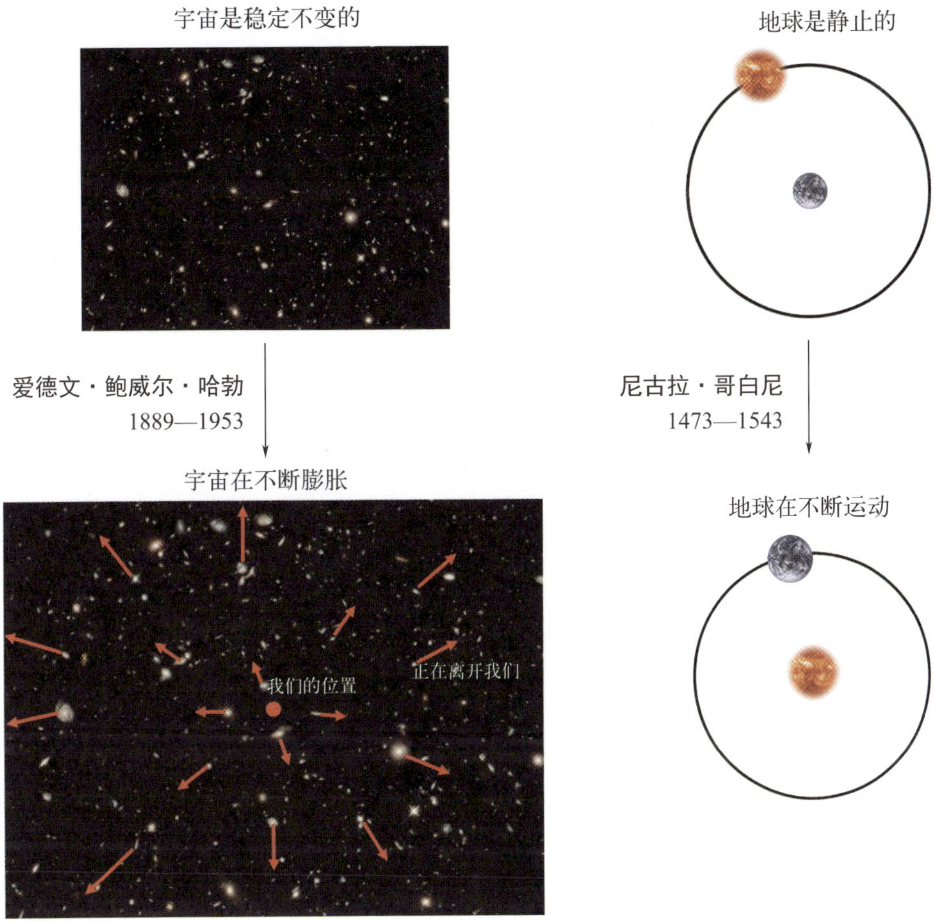

图2-2　哈勃发现宇宙在膨胀与哥白尼发现地球在运动

将这两个颠覆性的发现结合起来，也就是将爱因斯坦的时空观与哈勃的星系退行结合起来，我们可以非常容易地得出这样一个结论：宇宙空间自身正在发生膨胀，如图2-3所示。这种想法在20世纪20年代就已经出现了，而且到了30年代，我们已经找到准确描述空间膨胀的数学方程。这就意味着我们可以采用严格的科学方法对这种想法进行仔细研究计算，而不再停留于空想的阶段。虽然在当时，还有很多其他方案也试图解释星系的退行现象，但在与空间膨胀这个解释方案的竞争中，它们早已败下阵来，被岁月风化成了细沙，变成了历史的尘埃，不再被人们知道了。

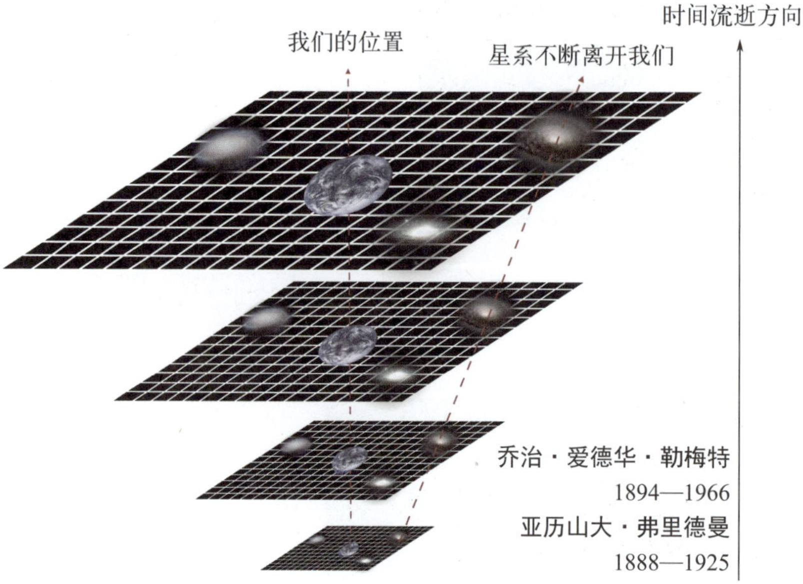

图2-3　宇宙空间自身在不断膨胀

当然，宇宙空间正在不断膨胀，这种观点在刚开始遭遇了极大困境。第一个难题是，根据当时对膨胀速度的测量数据，物理学家计算出宇宙从最开始的大小膨胀到今天这么大只需要几十亿年的时间，也就是说宇宙的年龄只有几十亿年。这显然是一个错误结论，因为太阳系的年龄就比它大了。

第二个难题更大。如果宇宙空间在不断膨胀，那么往过去追溯，宇宙空间就在不断收缩，物质密度就在不断增加。越往过去追溯，宇宙空间就越小，物质密度就越大，大到已经远超当时所有已知物质的密度。那么，密度如此巨大的物质能够存在吗？如果存在，它们又是以什么形式存在呢？

2.2 正式诞生——“大爆炸”一词的由来

非常巧合的是，就在20世纪30年代，量子力学发展起来了。我们开始知道物质由原子组成，原子又由质子、中子和电子组成。当温度非常高的时候，密度巨大的物质就能够以原子核和电子相互碰撞的方式存在。

这样一来，宇宙膨胀遇到的第二个难题就有了解决办法，密度如此巨大的物质是能够存在的。于是，在1948年，伽莫夫和他学生在一篇名叫“化学元素的起源”的论文中，第一次将量子力学与宇宙膨胀结合在一起，严格计算出宇宙在诞生之后第3分钟的样子。其结论就是氢元素和氦元素的原子核在那个时候刚刚诞生，如图2-4所示。伴随着这个计算，宇宙大爆炸理论正式诞生。

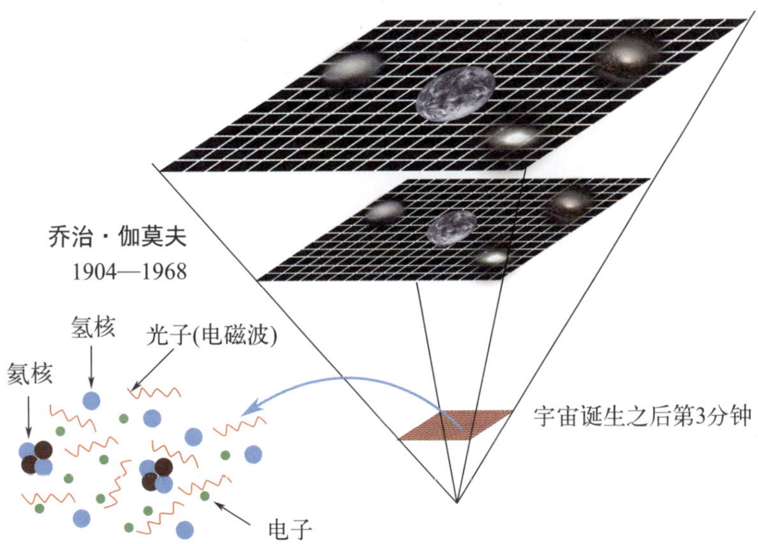

图2-4　宇宙大爆炸理论刚提出时候的宇宙图像

但是，伽莫夫他们的论文并没有包含任何与爆炸相关的内容，更没有采用爆炸这个词来形容他们的理论。他们的出发点只是想搞清楚化学元素的起源。“大爆炸”一词来自伽莫夫的竞争对手——霍伊尔，另外一位研究化学元素起源的宇宙学家。不过，令霍伊尔万万没有想到的是，后来大家居然真的将伽莫夫的这个理论叫作宇宙大爆炸理论。当然，霍伊尔也非等闲之辈，因为正是霍伊尔以及其他人提出：我们身体里面的碳氧元素居然是恒星燃烧之后留下的“灰烬”。

思维的惯性从来都像一艘巨轮那样强大，往往需要累积几代人的努力才能完全冲破它们的束缚。比如说，这种束缚使得反对者轻而易举就能提出这样一个反对意见：根据伽莫夫的理论，宇宙必将存在一个开端，并且在这个开端，空间将是无限小，物质密度将会无限大，如图2-5所示。这样的开端在当时看来显然是荒谬的、无法存在的。

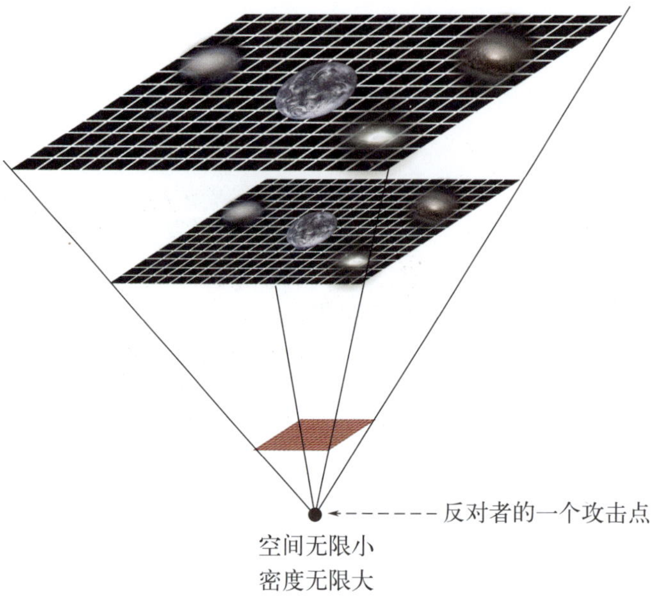

图2-5　对宇宙大爆炸理论的反对意见

如果仍然采用传统观点去理解时空和物质，提出这个反对意见其实很容易，容易到连让那些没有受过科学训练的人们都能轻松提出来。这一点无需证明，只需要看看当下那些采用类似反对意见去质疑宇宙大爆炸理论的网络留言就够了。也就是说，直到今天，这个反对意见和质疑声音在民间都还没有完全消亡。

不过，在宇宙大爆炸理论提出之后的头20年，这个反对意见并没有受到重视。这并不代表这个反对意见不值得回应，实际情况是在这头20年里，宇宙大爆炸理论并没有太多的追随者，更谈不上被追捧并成为科学界的主流。在大部分时候，这些理论只是被视为数学上的“智力游戏”[1]，大家还不敢相信理论中的方程和计算与我们这个真实世界真的存在对应，还很难接受宇宙存在一个开端。这样一来，当然就没有人去关注这个空间无限小、密度无穷大的问题了。

2.3　迟来的接受——最“硬核”的观测证据

遭受这种冷落的原因也是很容易理解的。自古以来，人类对宇宙无不充满敬畏之心，对诞生之初的宇宙进行严格计算更是从未奢望过。可是，突然有一天，有人提出可以严格计算出宇宙诞生之后第3分钟是什么样子，如果没有确凿的观测证据，很难有人会当真。

幸运的是，确凿的观测证据终于出现了。到了1965年，两位美国科学家不经意之间居然接收到了宇宙诞生之初形成的那些光子（即电磁波），如图2-6

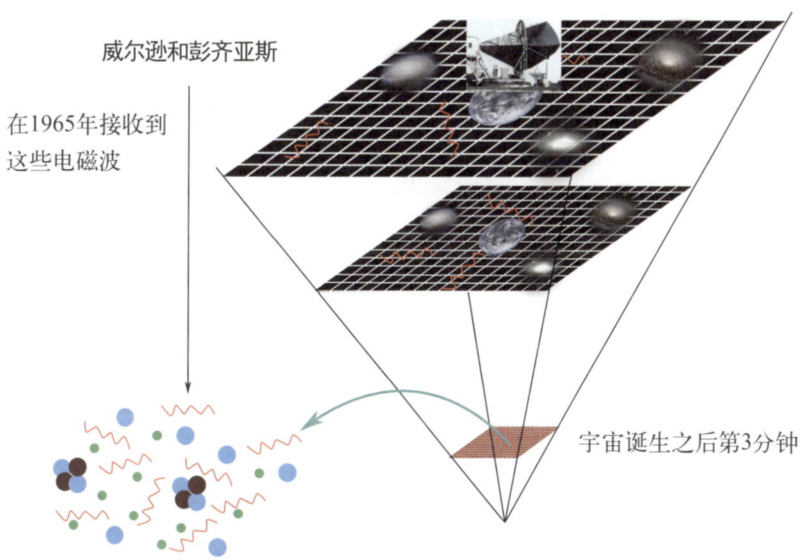

图2-6　宇宙大爆炸理论的直接证据

---

❶ 在今天，理论物理学家们的这种兴趣有增无减，而且给这种理论尝试取了一个名字：toy model。

所示。更为关键的是，这些光子正好满足伽莫夫他们当初计算出的那些光子的特征。也就是说，这个意外的观测结果毫无争议地证明了伽莫夫的理论是正确的。

从此开始，宇宙大爆炸理论获得了它应有的地位，开始成为科学界的主流观点。当然，宇宙大爆炸理论在这个时候还远远谈不上完美，比如在第3分钟之前，宇宙又是什么样子呢？另外，宇宙开端存在空间无限小、密度无穷大的问题还没有被认真研究过。这些问题成为了20世纪70年代的科学家们需要攻克的难题。

同样，非常巧合的是，到了20世纪70年代，量子力学又迎来一次巨大的发展，那就是电磁相互作用和弱相互作用被统一了，质子和中子还可以继续分裂成更小的基本粒子——夸克。当温度更高的时候，密度更大的物质能够以中子、质子、电子和光子相互碰撞的方式存在，而不是以质子和中子聚集成原子核的方式存在。

就这样，到了20世纪70年代末，我们已经可以严格计算出宇宙诞生之后第0.01秒的样子了，如图2-7所示。为了向大众传播这些难以置信的成就，

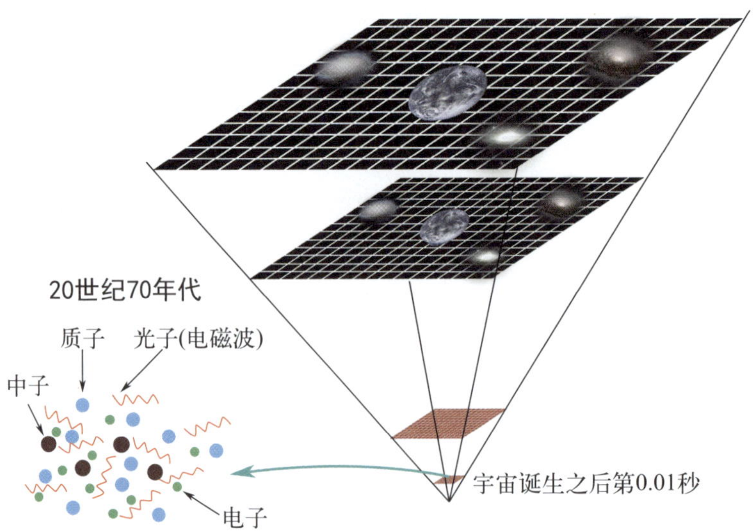

图2-7　将宇宙历史追溯到诞生之后的第0.01秒

统一了电磁相互作用和弱相互作用的领军人物温伯格，早在1977年就写过一本科普书《最初的三分钟》，详细介绍了宇宙从第0.01秒到第3分钟发生的事情。

第0.01秒，这已经非常接近宇宙的开端了，那么，当初的反对意见，即宇宙的开端存在密度无穷大的问题不得不需要一个认真的回答了。比如说，在20世纪70年代，彭罗斯和霍金就采用广义相对论严格计算出：如果宇宙中只存在我们熟悉的这些普通物质，那么宇宙的开端就是一个奇点。

2.4 缺陷的修补——宇宙在暴胀第10^{-36}秒留下的“指纹”

不过，到了20世纪80年代，另外一套解释方案被提出来了，它可以很好地避免宇宙开端存在密度无穷大的问题。大家之所以会认为这是一个问题，那是因为我们的思维惯性让大家觉得，宇宙在开端所包含的物质仍然是我们熟悉的这些普通物质。但是，这套新的解释方案却认为：在宇宙的开端，我们熟悉的这些普通物质还没有诞生，那时的宇宙还处于一种称为暴胀场的真空态。与普通物质相比，这种真空态的最大不同之处就是它具有负的压强。正是这种负压强的性质解决了宇宙开端的密度无穷大问题。

具体来说，这种暴胀场的真空态在短短10^{-35}秒之内就让宇宙空间膨胀了10^{26}倍，而且就在这个急剧膨胀的过程中，暴胀场的能量密度还保持不变。所以，当我们不断往前追溯，将时间从第10^{-35}秒追溯到第10^{-36}秒的时候，空间尽管缩小到了原来的10^{26}分之一，但能量密度却保持不变，而不是像当初担忧的那样会变为无穷大，如图2-8所示（本书第3、12章还会对此详细解释）。

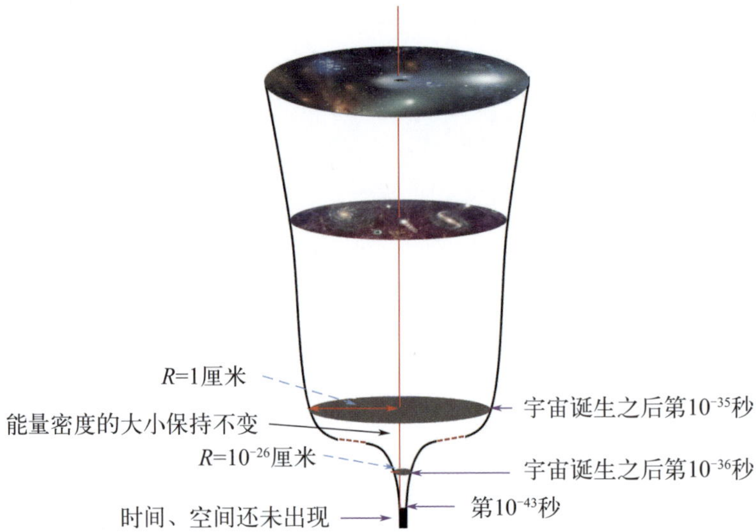

图2-8　宇宙大爆炸理论在20世纪80年代的发展——暴胀过程

宇宙空间膨胀10^{26}倍，大家已经无法直观体验这个数字了。如果告诉你，这相当于将一颗乒乓球膨胀为今天可观测的宇宙那么大，你一定会为此感到震惊。如果再告诉你，这一切竟然是在短短10^{-35}秒之内完成的，你会觉得更加不可思议，很难相信它真的发生过。让人更加难以置信的是，当今物理学居然已经厉害到可以对这个过程进行严格计算。

无论与什么已知的物理过程相比，这个膨胀都是一个最为剧烈的过程，以至于宇宙学家为它单独命名，把这个剧烈膨胀过程称为暴胀过程。今天的宇宙学家几乎都相信这个暴胀过程真的存在过，而且是无法避免地存在过。宇宙学家们的信心来自理论自洽性的需要和观测证据的支撑（本书第12章将会详细谈到）。

宇宙诞生之后的第10^{-36}秒，这已经是我们目前能追溯到的最早时刻了。再往前追溯，所需要的计算工具已经超出目前基础理论的极限。尽管如此，有了暴胀理论的完善，当初的反对意见，即宇宙开端是奇点的问题已经得到很好的解决，宇宙大爆炸理论又向完美前进了一大步。

不过，从20世纪80年代到今天，我们在这些成就的基础上居然再没有迈出过实质性的前进步伐。背后原因很简单，那就是描述物质存在方式的基础理论，从20世纪80年代开始就几乎停滞了，或者说，新的理论还没有被实验验证过，比如，寄予希望的弦理论还没有得到实验验证。

尽管基础理论几乎停滞不前，但观测却有了里程碑式的进展。到了1998年，我们发现了宇宙正在加速膨胀，或者说，我们发现宇宙中还存在大量的暗能量。2016年，我们还探测到让我们等待了100年的引力波。2019年，我们又找到了期待已久的黑洞。我们还对宇宙第38万年的“照片”进行了三次精细测量，精确度一次比一次高，并且在这张照片中找到了宇宙在第10^{-36}秒暴胀时留下的“指纹”。另外，我们对宇宙中物质的分布情况也有了详细的测量，看清楚了可观测的那部分宇宙的样子。总之，新的观测发现正在不断聚集，它们正在默默地酝酿着宇宙理论下一次革命的爆发。

第3章 宇宙的起源——如何无中生有

当我们追问时空的起源时，让人类引以为傲的理性思维却遭遇了前所未有的挑战，因为让理性思维得以运转的载体——人类的语言已经不再有效。

我们这个世界来自哪里？自从人类拥有理性思考能力之后，这个问题一直都在被我们不断追问。对于我们人类而言，这个问题是如此之重要，以至于我们可以根据不同答案对人类文明阶段进行划分。于是，每个文明时期都有一个占统治地位的主流答案。然而，这些答案总是无法让所有人都满意，因为我们总是可以对这些答案继续提出难以解答的新疑问。不过，到了今天，面对宇宙大爆炸理论这个答案，情况似乎已经发生了本质的转变，那就是我们的语言已经无法为我们的追问继续提供能力。

宇宙的起源，这是一个过于笼统的问题，我们需要把它拆分成相对具体的问题。在宇宙大爆炸理论中，宇宙的起源按照顺序被划分成时空的起源、能量的起源、物质的起源、元素的起源和星系的起源。起源顺序越靠后，我们的回答就越清楚。

拥有理性思维能力的人类是宇宙中最独特的存在，因为这种能力让我们可以非常轻松地沿这个顺序不断往前发出追问，甚至连幼儿园的小孩子都有能力进行这样的追问。但是，当我们追问到时空的起源时，让人类引以为傲的理性思维却遭遇了前所未有的挑战，因为让理性思维得以运转的载体——人类的语言已经不再有效。一旦没有了有效的语言，理性思维就很难得以运转，我们也就没有了继续追问的能力，详细说明如下。

3.1 时空的起源

3.1.1 时空、思维与语言

科学技术发展到今天，尽管我们已经可以通过望远镜看到几十亿光年之外的星系，也可以通过电子显微镜看到一块硅片上的原子排列，但是我们对时间和空间的理解仍然是基于肉眼可见事物的直观体验进行思维的推理所得到的。下文将这样的理解称为传统的时间和空间观念。

然而，思维的推理过程必须借助语言才能完成，所以，我们对时间和空间的理解与我们的语言几乎是同时形成的。也就是说，我们无法区分到底是先有对时间和空间的理解，才有了语言，还是先有语言，再形成传统的时间和空间观念。比如说，“前后”中的“前”这个字在最早的文字语言中就是直接采用肉眼可见事物的直观形象来代表的[1]。如图3-1所示，这个字的上半部分代表

图3-1 “前”字的演变

[1] 语言学家现在普遍认为人类先有象形文字，然后才演化出表音文字，比如字母文字。

脚趾，下半部分代表舟，整个字代表人站船头。所以，在形成“前”这个语言的过程中，我们的思维已经具有了传统空间观念的推理。也就是说，如果离开对传统空间观念的理解，我们无法构造出“前”这个语言。

与空间有关的语言的形成过程都是类似的，比如还有“上下”“左右”“高低”“长宽”“大小”等。

我们肉眼可见的所有事物都处于空间之中，所以，与事物有关的所有语言的形成过程也都是基于传统空间观念的。语言的这种形成过程导致我们的思维存在一个天然的局限，那就是采用基于传统空间观念所形成的语言反过来去思考空间的本质是徒劳的，就好像试图通过左脚踩右脚，右脚再踩左脚就想飞上天空一样。

更加棘手的麻烦是，与时间有关的语言也是基于传统空间观念的。时间与空间的最大不同在于，这个世界上并没有一个代表“时间”的对象能够对我们的思维产生直接刺激。比如说，时间无法像一块石头那样代表“空间”对我们的感知系统产生直接刺激。我们对时间的理解（即思维的推理）必须得借助传统空间的观念才能得以实施，比如通过一块石头在空间中的运动来理解时间。这种理解方式（即思维的推理方式）在语言中得到了充分体现。

比如说，“时间”中的“时”这个字就是直接采用空间中的运动来代表的。如图3-2所示，这个字的上半部分代表脚趾，下半部分代表太阳，整个字代表太阳在走动。首先，我们的思维采用类比推理，将只有人才具有的“走动”代表太阳的运动。其次，“走”这个字同样也是基于传统空间观念才能形成的。所以，在形成“时”这个语言的过程中，我们的思维已经进行过大量的推理。

图3-2 “时”字的演变

再比如说，“先后”中的“先”这个字也是直接采用空间中的运动去代表的。如图3-3所示，这个字的上半部分代表脚趾，下半部分代表人，整个字代表一个人前面的脚印，即代表有人在前面已经走过。所以，离开空间中的运动（比如有人在前面已经走过），“先”这个字就失效了。另外，“先后”中的“后”字更是直接采用空间中的位置关系（即前后关系）去代表时间中的秩序关系（即先后关系）。所以，我们对时间的理解是在对空间理解（即思维中的推理）的基础上进行二次推理得到的。

图3-3 “先”字的演变

与时间有关的语言的形成过程都是类似的，比如还有“之前”“之后”等。

再比如说，当人类最早说出类似于“逝者如斯夫”这样的语言时，我们的思维已经意识到时间的另一种属性，即时间的流逝性。可是“流逝”一词中的“流”字原本是对河流的表述，那么，当采用“流逝”这个词去表述时间的时候，我们的思维同样已经采用了类比推理，将时间等同于一条河流了，或者说，我们的思维已经采用一条河流去构造时间这个对象了。但是很显然，一条河流与时间不可能完全等同。这就意味着当我们采用语言将思维推理中呈现的时间观念表达出来的时候，人为构造的因素将不可避免地被引入时间这个概念之中。更详细的说明参见《解读宇宙：人类构建宇宙图像的的历程》。

这又会引发一系列后续的人为构建过程，比如当采用一条“直线”去描述一条河流时，“直线”这个词也可以去描述时间了。这就导致很多原本只属于直线而不属于时间的性质被引入到时间这个概念之中，比如直线中“点”的性质被引入时间之后就会导致时间具有“时刻”这个性质；直线的连续性就会导致时间也是连续的，没有间断。

于是，经过这一系列语言的构建（即思维的推理），“时刻”这个对象就诞生了，时间也被一条直线代替了，如图3-4所示。但是，直线原本只是对空间的描述，所以，我们的语言实际是采用空间去描述时间[1]。在此基础上，与时间有关的其他语言才形成了，比如“时间流逝得快慢”“时间的长度”等。

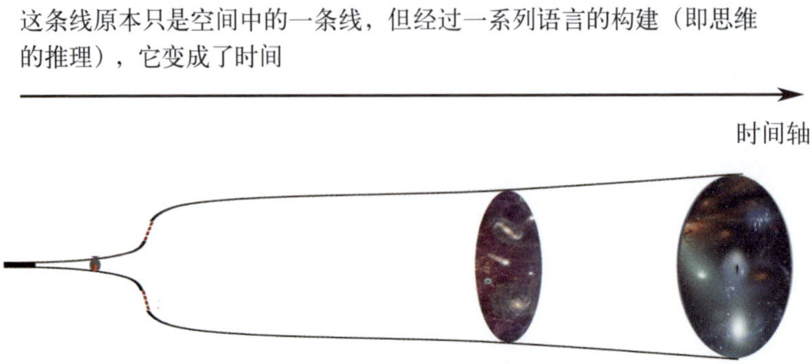

图3-4　我们对时间的理解是基于空间的

然而，直到今天为止，我们也没有一个实验能够严格地直接测量到“时刻”这个对象。与此同时，我们又无比坚信“时刻”这个对象是真实存在的，因为经过这一系列语言的构建，在我们大脑中，一个时刻已经无比清晰地被直线上的一个点描述清楚了。在直观感受上，这个结果表现为“时刻”这个对象可以被我们无比清晰地理解到。所以，只要还在采用人类的语言去表述这个世界，类似这样的人为构造因素在我们所理解的世界中几乎无处不在，而且无法避免，只是大多数人没有觉察到而已。这正是人类语言系统无法克服的另一种局限。

与空间类似，我们肉眼可见的所有事物都处于时间之中，这样一来，与所有事物有关的语言的形成过程都是基于传统时间观念的，比如“存在”“是”“诞生”“起源”等这样的基础性语言。“存在”这个词有效的前提条件是假定事物“始终在场”，而这个假定成立的基础又是先假设时间是一个连

[1] 实际上，在爱因斯坦的相对论中，时间的某些属性方面的确可以被视为空间，详细说明参见《时空是怎样弯曲的：图解广义相对论》一书。

续体。“是”这个词也需要这样的假设，比如“XX是YY”这样的语言也需要先假设时间是一个连续体才有效。如果时间不是连续的，而是离散和间断的，那么在间断处，你还能理解“XX存在”或“XX是YY”这样的语言所指是什么意思吗?

总之，我们的文字语言本身就是基于传统时间和空间观念才是有效的，那么采用这样的文字语言反过来去思考时间的本质也是徒劳的。当然，离开了这些文字语言，传统的时间和空间观念也无法在我们思维中呈现。所以，我们的文字语言与传统的时间和空间观念实际上是一个统一体，无法分离。如果我们完全抛弃掉传统的时间和空间观念，那么我们的文字语言就将失去根基，失去有效性。

3.1.2 我们的文字语言总是有效吗

前面谈到，我们的理性思维主要是采用推理去理解这个世界的。实际上，思维的推理过程几乎无处不在，比如我们将从肉眼可见的世界中形成的语言直接推广到所有世界，甚至推广到肉眼不可见的微观世界。然而，在过去100多年里，我们从来没有意识到应该去反思一下，这种推广是否有效?如果有效，它有效的边界在哪里?直到最近，当我们对世界的理解遇到瓶颈的时候，我们才意识到这是一个严肃且值得思考的问题，因为物理学家们已经普遍取得了一些共识：时间和空间有可能也存在量子化。也就是说，在足够微观的世界，传统的时间和空间观念不再成立，时间和空间有可能是离散和间断的。

那么，传统的时间和空间观念失效的边界在哪里呢?

当尺度很小的时候，比如在10^{-10}米这个尺度上，量子效应就开始占据主导。比如原子中的电子与台球所满足的运动规律就完全不同，电子的运动行为需要采用量子力学来描述，而台球的运动行为则采用牛顿力学来描述。但是在10^{-10}米这个尺度上，时空的性质似乎并没有什么不同。比如说，尽管电子和台球各自遵循两套完全不同的运动规律，但描述电子运动所使用的时空与描述台球运动所使用的时空却是完全相同的。即使在更小的10^{-17}米这个尺度上，描述夸克运动所使用的时空与描述台球运动所使用的时空仍然是完全相同的。那么，量子力学的巨大成功就表明：即使在如此微小的尺度上，我们从宏观物体推理出来的时间和空间观念仍然是有效的。

也就是说，在这些尺度上，我们仍然可以采用传统的时间和空间观念，这似乎意味着我们仍然可以采用现有文字语言去描述这些尺度上的微观世界。然而，实际效果却不尽人意。在微观世界，基于传统时间和空间观念的文字语言的有效性已经大打折扣，比如说，采用“波粒二象性”这样的语言已经无法完全理解微观世界的行为了，后面会详细谈到这一点。

那么，在更小的尺度上，文字语言的直接推广仍然成立吗？即还有效吗？

对于这个问题，我们目前只有理论预言，还没有实验验证。比如说，当尺度接近$L_{plank}=10^{-35}$米时，我们就不能继续使用从宏观物体总结出来的那种空间观念了，因为在这个尺度上，空间自身的量子效应也开始占据主导。

空间的量子效应的一种表现方式就是：空间的面积只能以最小面积的倍数出现，这个最小面积$S_{min}=10^{-70}$米^2，如图3-5所示。比如说，类似于$1.5\times S_{min}=1.5\times10^{-70}$米^{2}这样的面积无法存在，就像1.5个电子无法存在一样。小于$S_{min}=10^{-70}$米^{2}的面积也无法存在，就像0.3个电子无法存在一样。

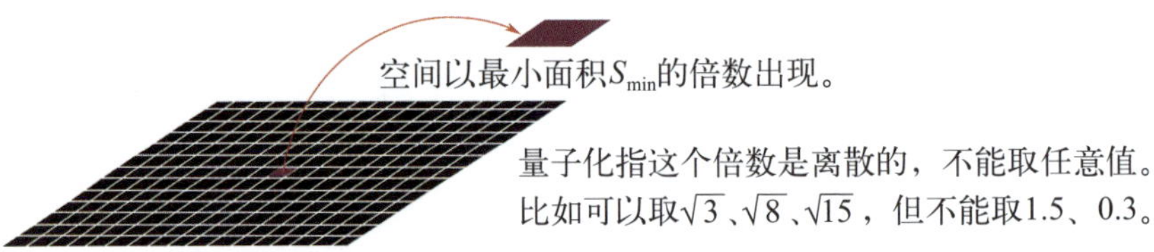

图3-5 空间的量子化

也就是说，空间的面积存在一个最小值，并不存在无限小的空间。那么，当我们不断往前追溯宇宙的起源时，今天可观测的那部分宇宙的面积大小只能追溯到$S_{min}=10^{-70}$米^2，不能再往前追溯到更小的空间了。

对于空间面积的这种量子化，目前已经有相关理论可以进行严格计算，比如圈量子引力理论。不过，这些理论还没有得到实验的验证。而时间的量子化更加困难，目前还没有一种理论能够对它进行严格计算，而且不同物理学派所采用的处理方式也大不相同。

假设时间也存在量子效应，比如说，小于$T_{plank}=10^{-43}$秒的时间间隔无法存在。那么，往前一直追溯宇宙起源的时候，我们最多就只能追溯到第10^{-43}秒了，因为再往前追溯，传统的时间观念本身就已经不存在了。

具体来说，时间的量子效应让“第10^{-43}秒之前”这样的语言失效了，就像电子的量子效应让“0.5个电子”这样的语言失效了一样。这是因为“第10^{-43}秒之前”这个语言的有效性是建立在“小于10^{-43}秒的时间间隔依然存在”这个基础之上的，就像“0.5个苹果”这个语言的有效性是建立在“苹果可以被切成两半”这个基础之上的。

我们现有的语言，比如“之前、诞生”这些词语都是建立在传统时间观念之上的。然而，当我们去追问时间的本质或起源的时候，传统的时间观念就失效了（它由量子效应或其他至今还未知的机制引起），这就导致在此基础上衍生出的语言“之前、诞生”也随之失效了。另外，如果传统的空间概念不存在了，那么连“前”“后”这样的词语也都将失效。所以，如果再继续追问第10^{-43}秒之前是什么？那么，这个问题本身就已经不再有效，或者说，我们现有的语言已经不能表述它了，如图3-6所示。

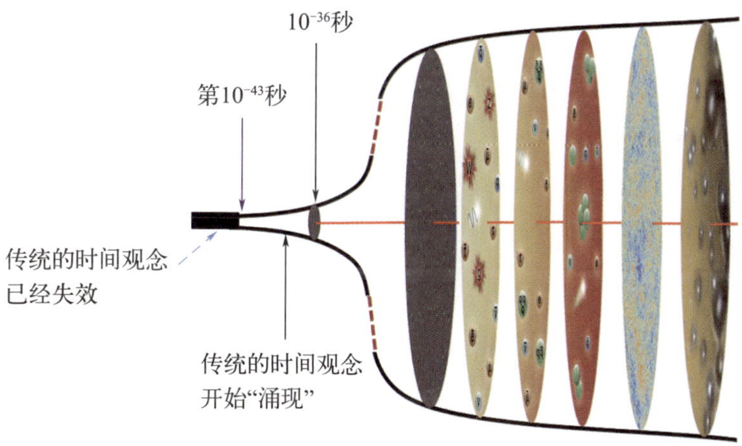

图3-6　如果时间存在量子效应，“第10^{-43}秒之前”这个语言本身就已经失效

总之，我们现有语言的基因是建立在传统的时间和空间观念之上的，除了刚刚提到的“之前、诞生”这些词语之外，还有“存在、是”这样更基本的语言。因为如果时间的量子效应开始占据主导，时间就不再是连续的，而是离散和间断的，那么，“始终在场”这个假定就是无法成立的，“存在”这个概念也就失去了根基。我们去追问时间的本质或起源的时候，就是我们不能再采用传统时间观念的时候。然而，如果不采用传统的时间观念，我们现有的语言都将失效。比如说，“图3-7中的黑色线段存在吗？这段黑色线段是什么？”这样的语言是无效的，因为这些问题中的“存在”“是”这些词已经失效了。

这样一来，我们将不得不面对这样一个局面：找到能够精确发问的语言都极其困难，更不用说去寻找答案了。这似乎验证了维特根斯坦的深刻洞见：“对于可以言说的部分，尽量把它说清楚；对于无法言说的部分，我们只能保持沉默”。[1]

毫无疑问，仅仅靠我们人类自身，摆脱这种困境将是有史以来最难以入手的挑战。我们首先需要搞清楚的关键点是：可以言说的部分与无法言说的部分之间的边界在哪里？即我们语言有效的边界在哪里？今天的物理学为我们提供了一种可能的答案，它们就是$T_{plank}=10^{-43}$秒和$L_{plank}=10^{-35}$米。这两个界限被物理学家称为普朗克尺度。当尺度远大于这两个界限时，我们从宏观物体总结出来的那种时间和空间就完全“涌现”出来了，于是，我们就可以采用传统的时间和空间观念，进而采用现有的语言去表述这个世界了。

比如说，在宇宙诞生之后第10^{-36}秒（它已经远大于普朗克时间尺度10^{-43}秒），我们就可以按照传统的时间观念来使用时间了，类似于“第10^{-36}秒之前”这样的语言也开始有效了，如图3-7所示。

今天可观测的那部分宇宙在第10^{-36}秒时的半径约为10^{-26}厘米，这也已经远大于普朗克尺度10^{-35}米了，那么，我们就可以采用传统的空间观念来描述此时的宇宙空间了。这就好像一粒沙子的直径尽管只有10^{-3}米，但它也已经远大于原子尺度10^{-10}米，那么，我们就可以将这粒沙子视为宏观物体，完全忽略它的量子效应。

---

[1] 不过，维特根斯坦所谓“无法言说的部分”的最初含义并不是与时空相关的。

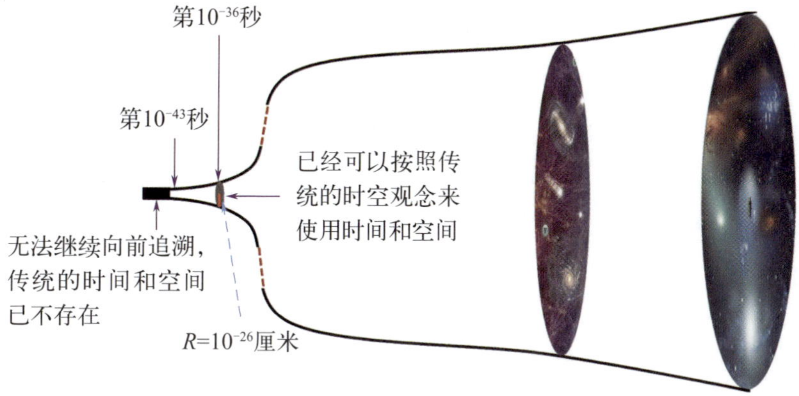

图3-7 时空起源的现有理解

宇宙诞生之后的第10^{-36}秒——这是我们目前能够追溯到的最早时刻。从这个时刻开始，我们才能采用已有的物理理论对宇宙进行精细计算，也就是采用现代科学的方法对宇宙进行研究。

3.1.3 如果文字语言已失效，我们就毫无办法了吗

如果普朗克尺度$T_{plank}=10^{-43}$秒和$L_{plank}=10^{-35}$米的确就是我们现有语言的边界，那么，对于低于此边界的世界[1]，我们现有语言都将失效。这是否意味着我们对低于此边界的世界的理解已经无能为力、毫无办法了吗？幸运的是，绝望中仍然存在一丝希望，因为人类的理性思维进化到今天，除了采用文字语言进行推理之外，还可以采用另外一套语言进行推理，那就是数学语言。

实际上，我们思维中的很多推理采用文字语言是无法准确表达的。在人类历史上，文字语言的这种无法准确表达常常让我们的思维陷入混乱和矛盾之中。比如说，“无限”这个词就曾经将我们的思维拖入混乱之中，引发了类似于芝诺悖论这样的矛盾。仅仅采用文字语言，我们无法准确理解“无限”这个词，因为这个词是我们的理性思维采用逻辑推理得到的。具体来说，我们理性

[1] 实际上，“低于此边界”中“低于”这个词就已经无效了，但我们实在找不到词语来表述我们想要表达的意思，所以这里仍然采用“低于”这个词。

思维会遵循一条逻辑规则“一个事物要么是A，要么就是非A”，于是，根据这条规则，理性思维从“有限”这个词构造出了“无限”这个词。然而，在我们这个真实世界中，并不存在一个事物可以与“无限”直观对应。所以，仅仅采用文字语言，我们无法准确地理解“无限”这个词。幸运的是，采用文字语言无法理解的对象却可以被数学语言精确描述。比如说，我们正是采用数学语言（如自然数）才真正理解了“无限”所指的含义，如图3-8所示。一个没有学习过数学的人很难准确地表达出“无限”这个词的含义。

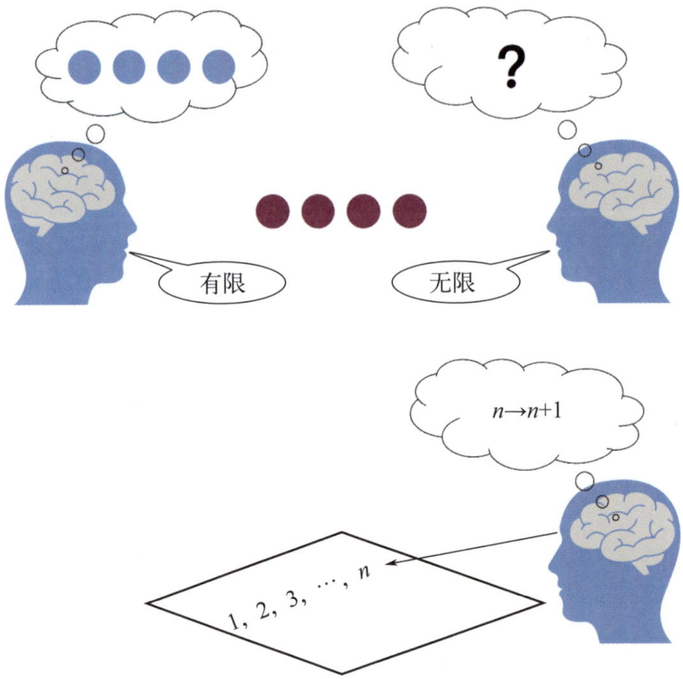

图3-8 “无限”所指的含义被数学语言刻画

相比于文字语言，采用数学语言进行推理的这种威力在过去几百年已经崭露头角，特别是在量子力学领域，很多无法采用文字语言理解的对象却可以在数学语言中得到精细的刻画。比如说，对于微观世界的行为，用文字语言“波粒二象性”无法真正理解它们，但我们却可以采用数学语言对它们进行精确的计算。

我们的文字语言都是根据我们肉眼可见事物形成的，它们是这些肉眼可见事物的直观反映。当我们大脑在使用这些文字语言时，这些语言在我们思维中所呈现出的形象都是这些肉眼可见事物的形象。比如说，“波”这个词在大脑中对应的形象就类似于水波那样，“粒子”这个词在大脑中对应的形象就类似于一颗小石子、小豆子那样。

微观世界是我们肉眼无法直接感知的世界，所以，大脑无法单独发展出一套语言来与它们直接对应，只能继续采用从肉眼可见世界中构建起来的语言去描述它们。但是，微观世界与我们肉眼可见的世界已经完全不同，所以，采用现有的文字语言无法真正准确描述微观世界。在直观感受上，这个结果表现为微观世界的行为常常让我们无法理解。

比如说，对于微观世界的行为，我们所采用的语言描述是这样的：“它们既是波也是粒子，即具有波粒二象性”。然而，“波粒二象性”这个新词能在我们大脑中对应出新的形象吗？遗憾的是，我们大脑的构造，或者说我们的理性思维无法做到这一点。当我们将“波”和“粒子”这两个词推广到微观世界时，这两个词在大脑中对应的形象仍然只能是水波和小石子的那些样子。于是，“波粒二象性”这个词在我们大脑中对应的形象仍然由水波和小石子那样的形象组成，如图3-9所示。这就是我们文字语言的局限。这个局限导致微观世界的行为让我们无法理解。

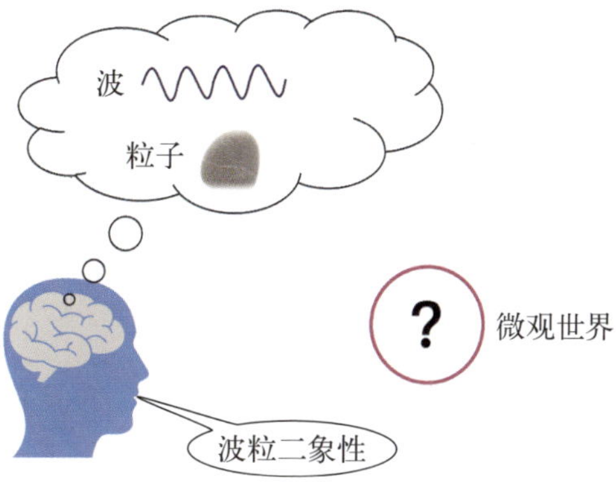

图3-9　文字语言在思维中的呈现方式

所以，当我们告诉一个没有学习过物理学的人“微观世界的行为具有波粒二象性”这句话时，那他就只能采用水波和小石子那样的形象去理解这句话。然而，这样会导致他根本无法理解这句话试图表达的含义，或者说无法真正理解微观世界的行为。

那么，当我们把这句话告诉一位研究了微观世界几十年的物理学家，结果会好一些吗？很遗憾，结果仍然是一样的，“波粒二象性”这个词中“波”和

“粒”在这位物理学家大脑中对应的形象仍然是水波和小石子的那些样子。这位物理学家仍然无法真正理解微观世界的行为。

但是，相对于没有学习过物理学的人，这位物理学家对微观世界的行为却有更多的理解，因为物理学家掌握了另外一种语言，那就是数学语言。文字语言都是从我们肉眼可见事物中发展出来的，即使通过理性思维的推理，文字语言在我们大脑中呈现的形象最终仍然会归结于那些肉眼可见的事物[1]。但是，数学语言自身具有另外一种推理能力，那就是它能推理出一些肉眼不可见的事物，比如无限维的希尔伯特空间。一个没有学习过数学的人，仅仅用文字语言永远都无法理解这个采用数学语言推理出的对象。但是，无限维的希尔伯特空间——这个数学对象正是精准描述微观世界的语言。

所以，数学语言可以帮助我们理解那些无法采用文字语言准确描述的事物。采用文字语言，我们永远都无法真正理解“波粒二象性”这个词，就好像我们永远无法理解“圆的正方形”一样。这是文字语言的局限。幸运的是，我们的理性思维除了可以借助文字语言进行运转之外，还可以借助数学语言进行运转，如图3-10所示。

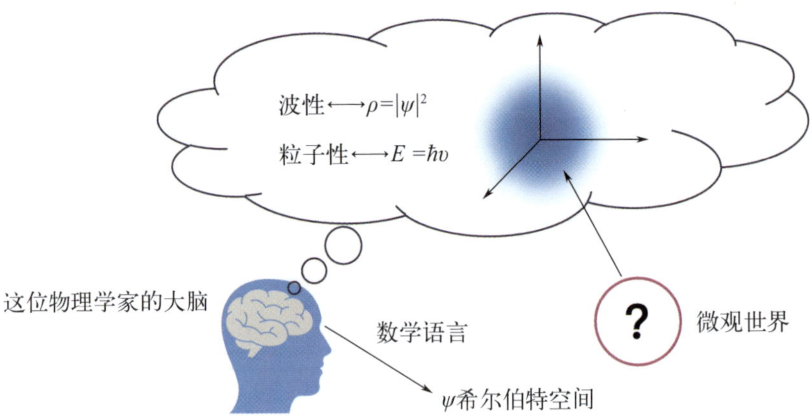

图3-10　采用数学语言之后，微观世界在思维中的呈现方式

---

[1] 即使我们通过一台电子显微镜去观测微观世界，这台显微镜最终仍然需要将观测结果转化成肉眼可见的图像，才能让我们看到观测结果，而不是让微观世界直接呈现在我们思维之中。

尽管我们无法理解“波粒二象性”这个词，但是我们可以采用数学语言对这个词所指含义进行计算，而且计算结果与实验结果严格吻合。也就是说，在数学语言中，“波粒二象性”这个词所指的含义被数学语言精确表达了。当然，这种精确表达会让这位物理学家自认为已经真正理解“波粒二象性”这个词了。

可是，我们必须清楚和承认，这位物理学家对“波粒二象性”这个词的准确理解是采用数学语言来完成的，而不是采用文字语言来完成的。也就是说，如果仅仅只采用文字语言的思维方式，这位物理学家，与没有学习过物理学的人一样，仍然无法真正理解“波粒二象性”这个词所指的含义。大家非常熟悉的物理学家费曼说过这样一句话：“这个世界上没有人真正理解量子力学。”这句话或许就是从这个角度来说的。学习过量子力学多年的人都有这样的体验：我们已经可以对微观世界进行准确的计算，但微观世界所呈现出的行为在我们脑海中的形象仍然是模糊的，始终无法像牛顿的太阳系那样在我们脑海中清晰呈现。

所以，对于文字语言无法完成的事情，我们还可以尝试采用数学语言进行思考。这似乎意味着，数学语言中的很多推理即使脱离了传统时间和空间这个基础仍然是成立的。这样一来，我们可以采用数学语言对第 10^{-36} 秒之前的宇宙，甚至对图3-11中的黑色线段部分进行思考和探索。

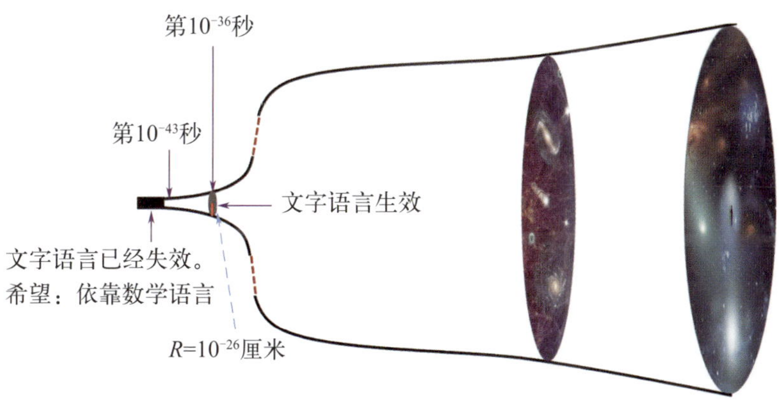

图3-11　我们的希望——数学语言

非常遗憾的是，这样的数学计算到今天为止仍然没有找到，因为这要求我们先统一广义相对论与量子力学，而这种统一至今都还没有成功。当然，我们也不是毫无进展，比如圈量子理论就已经采用非常正统的方法将空间量子化了。尽管我们目前还无法对空间的这种量子化进行直接的实验验证，但它还是正在改变我们对这个世界的理解方式。对于时间的本质探索，我们还没有取得像空间量子化那样巨大的进展。这再一次表明，时间将是困扰人类思维的最难谜题。

总之，有关时空起源的问题，我们的文字语言已经失效，我们目前也没有严格的计算办法，更没有相关的实验观测资料。即使是这样，关于时空起源的以上这些认识已经是了不起的成就。

需要强调的是，在以上谈到的这个有关时空起源的过程中，并没有伴随任何爆炸过程的发生，时空更不是爆炸出来的。另外，图3-11中的半径为10^{-26}厘米的区域只是我们今天可观测的那部分宇宙在当时的大小，它并不代表整个宇宙的全部区域。这些是大家对宇宙大爆炸理论误解最多的两个地方，下一章会对此详细解释澄清。

3.1.4 宇宙诞生之前是一场大收缩吗

当然，很多人并不会同意我们的文字语言在图3-11中黑色线段处已经失效，也不会同意“第10^{-43}秒之前”这样的语言已经失效。他们会认为这样的观点只不过是逃避问题的一种狡辩。他们会坚持认为文字语言无论在什么情况下都是有效的，那么，“第10^{-43}秒之前是什么”或者“时空的起源是什么”这样的问题当然是有效的。于是，我们必须为这些问题找到一个答案，其中一种最新的答案就是认为时空一直都存在，只不过在第10^{-43}秒之前，空间处于急剧收缩的状态，而不是膨胀的状态。这种答案称为宇宙大反弹理论，如图3-12所示。

以我们今天对物理规律的了解程度和目前已有的观测资料，宇宙大反弹理论目前还只是宇宙学家基于当前物理理论的一种猜想，而且它的数学计算需要更复杂更难的技巧。我们还需要从这个理论出发进行更多的计算，从而为我们的观测验证提供可能，比如宇宙大反弹理论试图计算出它在原初引力

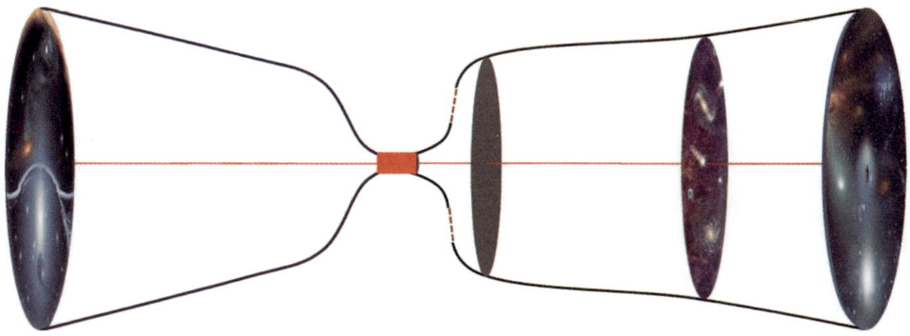

图3-12　一种理论假设——宇宙大反弹理论

波[1]中留下的“遗迹”。如果我们在未来成功地探测到原初引力波，并且能够对引力波上的“遗迹”清晰地辨认，那么我们就可以判断宇宙大反弹理论是否可行。

另外，与其他解释时空起源的理论一样，宇宙大反弹理论也需要依靠一些“手动放入”的前提条件才能展开计算，同时也会带来一些需要克服的“副作用”。但是，不管怎么样，在时空的起源这个最艰难问题的面前，对于目前毫无头绪的我们而言，宇宙大反弹理论是当前可以开展研究的一种不错选择。

3.2　能量的起源

在时空诞生之后，宇宙立刻就迎来了无比剧烈壮观的暴胀过程。在此暴胀过程中，宇宙空间在短短 10^{-35} 秒之内膨胀了 10^{26} 倍。这个暴胀过程正是能量的起源过程。

对于时空的起源，我们仍然停留在推测的阶段，但对于能量的起源，我们不仅已经有了确切的计算，而且还有了观测证据的支撑，详细说明如下。

在牛顿的引力理论中，只有物质的质量才会产生引力，但爱因斯坦却告诉我们，除了物质的质量之外，压强也会产生引力。而且，如果压强为负，那么

---

❶ 第16.4节将会说明什么是原初引力波。

压强所产生的引力还表现为排斥力，而非吸引力，如图3-13所示。这种排斥力就会推动宇宙空间产生膨胀。

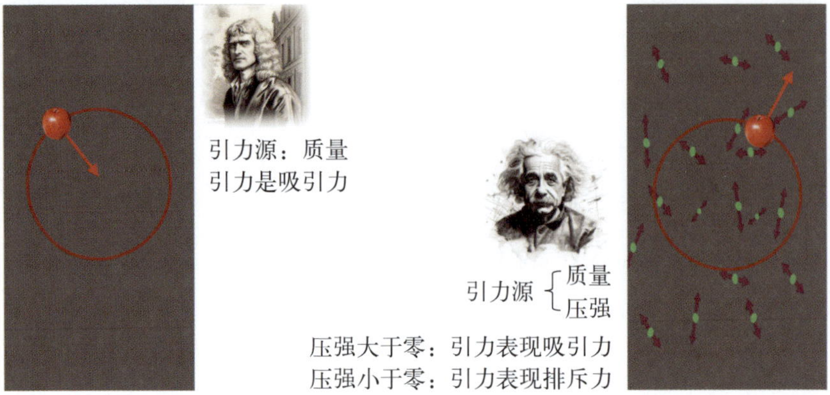

图3-13 压强也是引力源

根据最早的暴胀理论模型的观点，宇宙在时空诞生之后的第10^{-36}秒处于暴胀场的真空态。再根据量子力学，真空态并不是什么都没有的虚空，它仍然具有能量。另外，真空态还具有压强，其压强大小正好等于其能量密度的负数。这些真空态的能量密度大到难以想象的程度，大约为10^{82}克/厘米^{3}。那么，这些真空态的负压强也将大到难以想象的程度，从而导致这些负压强所产生的引力（表现为排斥力）也将大到难以想象的程度，进而推动宇宙空间在短短10^{-35}秒之内就膨胀了10^{26}倍。如此剧烈的膨胀过程被称为暴胀过程，如图3-14所示。后来的暴胀模型在此基础上进行了大量修改和优化，比如目前流行的慢滚暴胀模型将真空态替换成所谓的“慢滚态”，从而可以对暴胀过程严格解析计算，其结论也更符合观测。

这个不可思议的暴胀过程正是能量的起源过程，大家很容易就能理解这一点。这是因为在暴胀过程中，时空一直处于暴胀场的真空态，而真空态是非常稳定的状态，即它的能量密度会始终保持不变，但空间体积却在暴胀过程中剧烈增加，那么宇宙中的总能量也就会剧烈增加。具体来说，在暴胀过程中，宇宙空间的大小膨胀了10^{26}倍，那么宇宙空间的体积就膨胀了10^{78}倍，但宇宙空间中能量的密度却保持不变，那么宇宙所包含的总能量就增加了10^{78}倍，如图3-14所示。

能量增加10^{78}倍，我们已经完全无法直观体验到这个数字的巨大了。不

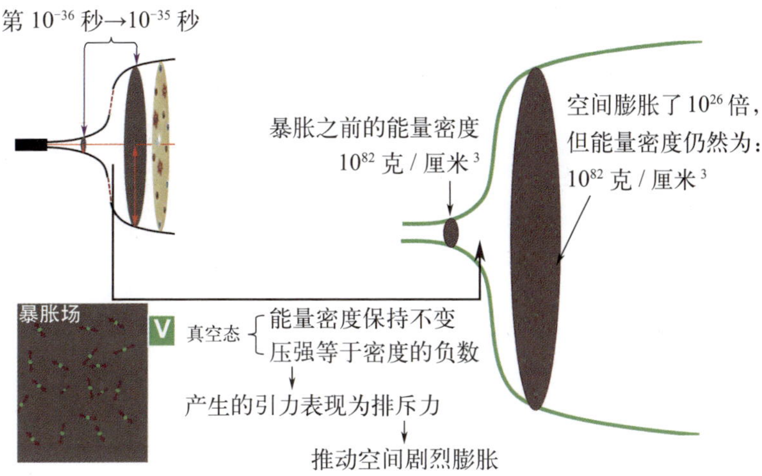

图3-14　填充宇宙的能量的创生过程

过，有一个极其重要的数字却非常巧合地和它相近，那就是今天可观测的那部分宇宙所包含的原子数量恰好大约为 10^{78} 个。所以，如果没有暴胀过程所带来的这个能量起源过程，那么，今天可观测的那部分宇宙中就只存在一个原子。换句话说，制造其余 $10^{78}-1$ 个原子所需要的能量全是在这个暴胀过程中产生的。不过，暴胀过程所创生的这些能量只有少部分最终会转化成原子，因为从暴胀结束到第10万年的这期间，宇宙空间进入减速膨胀阶段（但仍然在膨胀），宇宙中的大部分能量会重新“填回”到时空中去。

能量的这个起源过程常常给人一种“无中生有”的感觉，暴胀理论的开创者阿兰·古斯曾经把它称为“最大的免费午餐”。不过，天下没有免费的午餐，这些“无中生有”的能量也有它的来源。这个来源就是时空自身，因为根据广义相对论，当时空从平坦变成弯曲时，时空自身就释放出能量，如图3-15所示。

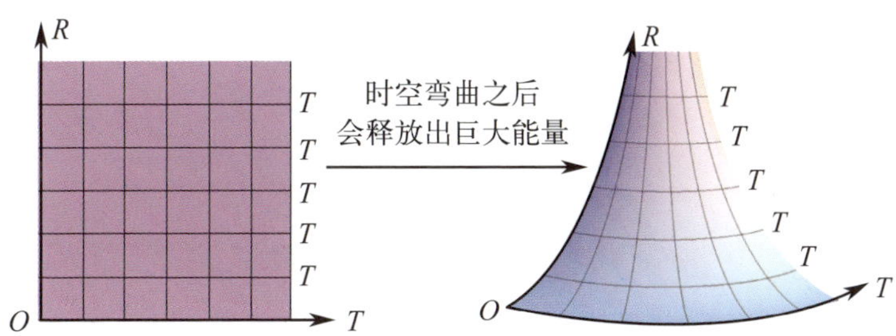

图3-15　星球附近时空的弯曲释放出巨大的能量

时空弯曲会释放出能量，这并不是一个匪夷所思、难以理解的过程，它在我们日常生活中随处可见。比如当一颗苹果从高空掉落下来，苹果会获得一个速度，这个速度让苹果获得一种运动能量，这种能量被称为动能。这些动能正是来自时空的弯曲。具体来说，苹果和地球一起会导致时空弯曲，当苹果掉落之后，时空的弯曲产生了微小改变，这个微小改变就会释放出能量。释放出的这些能量的一部分会转化为苹果的动能，还有一部分会转化为苹果和地球的质量，也就是让苹果和地球的质量增加了极其微小的数量，如图3-16所示。关于这一转化过程的详细说明可参见《破解引力：广义相对论的诞生之路》第18章。

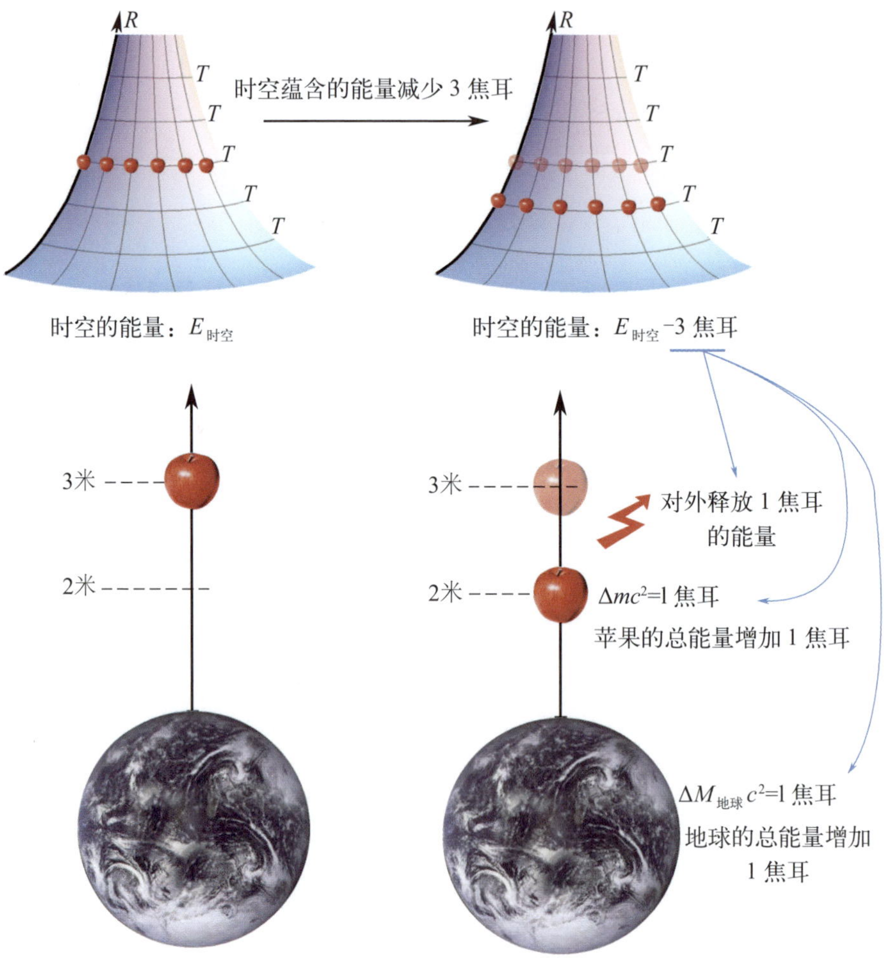

图3-16　时空弯曲释放能量的过程

所以，正是广义相对论与量子力学让我们找到了宇宙中能量起源的答案。这个答案就是：在第10^{-36}秒开始的暴胀过程中，宇宙空间发生了10^{26}倍的急剧膨胀，从而导致时空（注意是时间+空间这个整体）发生急剧弯曲，进而释放出巨大的能量，让宇宙的总能量增加了10^{78}倍，如图3-17所示。总之，宇宙所包含的能量来源于时空的弯曲。面对这个答案，我们不得不由衷地感叹人类理性思考力量的强大。

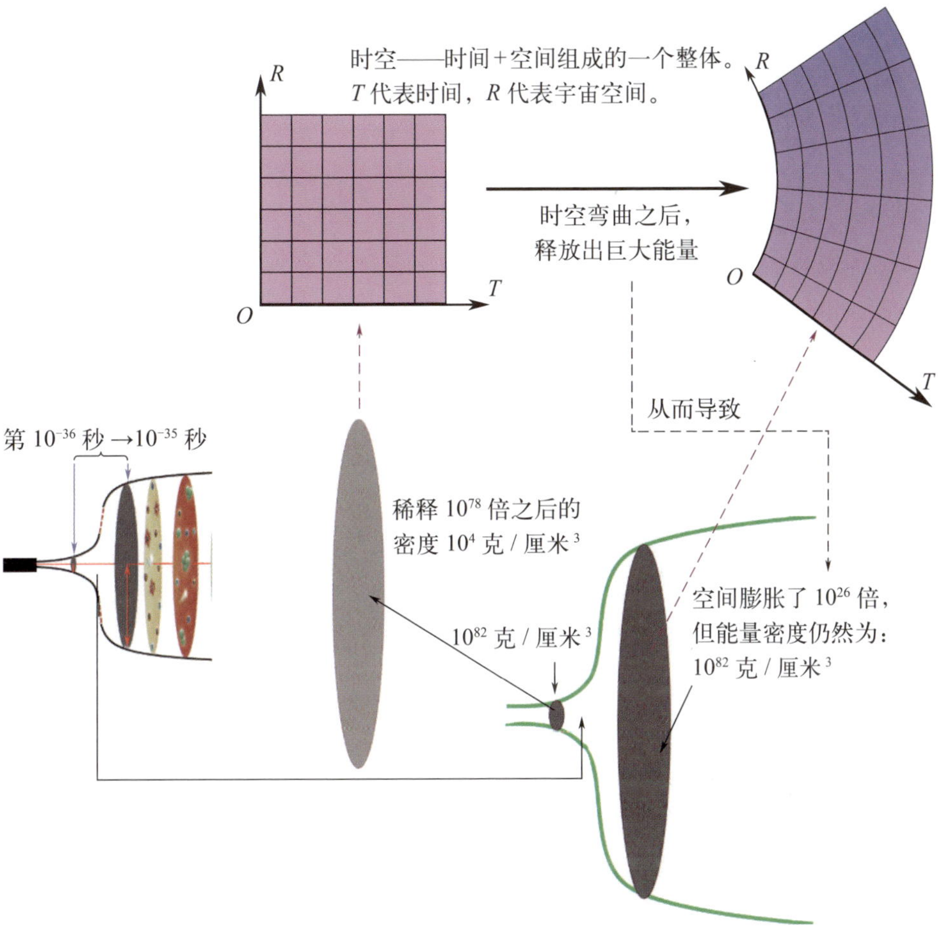

图3-17 填充宇宙的能量来自时空的弯曲

既然宇宙中的总能量都是从时空中“提取”出来的，那么宇宙中总能量加上时空的能量就正好等于零，如图3-18所示。这又是一个看上去不可思议的结论，但它已经被观测数据所间接证实了。这是因为如果此二者之和不正好等于零，那么今天的宇宙空间（注意是纯空间，不是指时空）就不是平坦的，而是存在弯曲的，但至今为止观测到的结果都不支持宇宙空间存在弯曲这一观点。

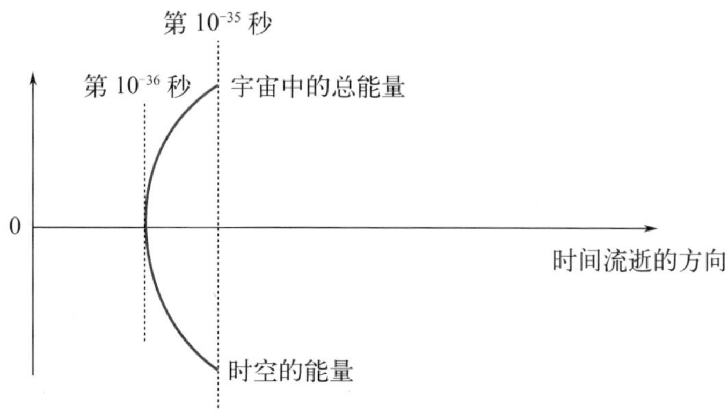

图3-18 宇宙中的总能量+时空的能量正好等于零

实际上，宇宙所包含的任何能量最终都来源于时空的弯曲。这个结论在宇宙演化的任意阶段都成立，后面还会反复谈到这一结论。也就是说，不管在什么阶段，只要宇宙的空间是平坦的，那么宇宙中的总能量都是通过时空弯曲的改变来释放或吸收的。比如说，宇宙的加速膨胀（对应时空的弯曲程度在加剧）就会不断地释放出巨大的暗能量。

另外，后面将会反复谈到，宇宙的空间（注意是纯空间，不是指时空）到底是平坦的还是弯曲的这个问题，其对宇宙的起源、演化过程、未来结局都会产生决定性的影响。比如说，它决定着暗物质、暗能量的数量，决定着宇宙是否有边界，决定着宇宙在未来是否会重新收缩在一起。所以，对于总是试图理解这个宇宙的人类而言，这个问题就显得至关重要。目前的观测数据支持宇宙的空间是平坦的，大多数的理论计算也是先假设空间是平坦的。但是，我们又不能完全排除宇宙的空间存在弯曲的可能性，尽管在目前看来只是极其小的可能性。如果有一天我们发现宇宙的空间存在弯曲，那必将是另一次颠覆性的发现，我们今天为宇宙绘制的图像几乎都要被重新描绘。

3.3 物质的起源

从第10^{-35}秒开始，即暴胀过程结束后，暴胀场就不再处于真空态或所谓的“慢滚态”，而是处于“激发态”。这个激发态会立即产生衰变。之前在暴胀过程中“无中生有”的那些能量就会随之衰变成夸克等基本粒子。大约到第10^{-10}秒的时候，当今物理学所知道的基本粒子都已经形成了，如图3-19所示。所以，这个衰变过程就是普通物质起源的过程。

有关物质起源的这个解释，是宇宙学在过去约40年里所取得的非凡成就。我们已知的这些物质到底是如何起源的，这一直是大家感兴趣的问题，每当我们谈论宇宙的时候，这个问题总是无法回避。今天，我们终于为这个问题找到一个不错的答案。当然，物质的这个起源过程的很多细节仍然还是一个谜，第12章再详细解释。

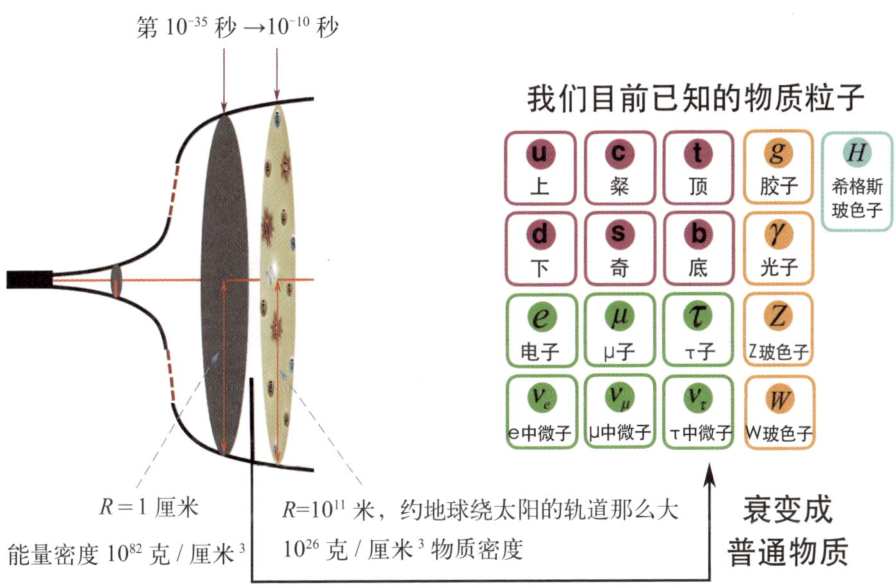

图3-19　普通物质的诞生过程

在物质起源的这段时期，宇宙空间又膨胀了10^{13}倍。膨胀如此多倍当然也是一个剧烈膨胀的过程，但这段时期的膨胀过程是一个减速膨胀（即膨胀速度越来越慢，但仍在剧烈膨胀），而不再是加速膨胀了。这是因为在衰变之后，宇宙已被普通物质所填充，不再处于真空态，那么压强就从小于零变为大于零了，从而使得压强所产生的引力也从排斥力转变为吸引力了。

在暴胀过程中，宇宙空间是加速膨胀的，加速膨胀所伴随的时空弯曲就会释放能量。而在物质起源阶段，宇宙空间已经转变为减速膨胀，而减速膨胀所伴随的时空弯曲就不再释放能量，而是吸收能量，也就是从刚刚诞生的这些普通物质中吸收能量。所以，在物质起源的这段时期，普通物质的总质量减少了，也就是宇宙中的总能量减少了，如图3-20所示。

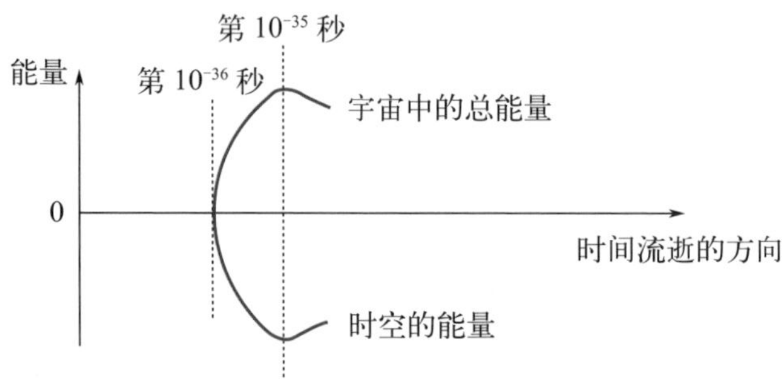

图3-20　宇宙中的总能量的演化过程

减少的具体数量表现如下。每当空间的大小膨胀10倍，空间的体积就会膨胀1000倍，但物质的密度却会被稀释10000倍，而不是被稀释1000倍。这是因为物质的能量在空间膨胀过程中被吸收了，从而导致物质的质量密度被稀释得更加厉害。

同样，当时空从物质中吸收能量之后，尽管宇宙中的总能量减少了，但宇宙中的总能量加上时空的能量仍然正好等于零。只要宇宙的空间是平坦的，这个结论就是成立的。

空间膨胀10^{13}倍，这相当于让一个轮胎所占据的空间膨胀成太阳系所占据的空间，而且这一膨胀过程是在短短10^{-10}秒之内完成的。不仅如此，就在这一膨胀过程中，物质的基本粒子诞生了，它们一下就充满了整个宇宙。如果非要采用宇宙大爆炸这个名字，那么，暴胀过程和物质的这个诞生过程与一场大爆炸似乎有点相似。但是，二者仍然存在本质区别，它们根本就不是一回事，下一章会详细说明这一点。

3.4 起源留下的“指纹”

当初次了解到这个暴胀过程和随之而来的物质起源过程，大多数人肯定都会充满怀疑，很难相信这个匪夷所思的暴胀过程真的发生过。同样，要想说服大家相信这个答案，我们也只能靠确凿的证据。还好，今天已经有了这样的证据。这些证据在暴胀时就产生了，而且一直保留到今天，并且它们是如此的显而易见。

前面谈到，在暴胀开始时，也就是在第10^{-36}秒，暴胀场处于真空态。但是，根据量子力学的理论，真空态不仅具有能量，而且还具有所谓的量子涨落。这些量子涨落会导致能量密度的分布出现不均匀性，也就是会导致有些区域的能量密度大一些，有些区域的能量密度小一些。幸运的是，根据现有的物理理论，我们已经可以严格计算出这些不均匀性的具体细节。这些具体细节就像是宇宙在第10^{-36}秒时候的“指纹”。

在随之而来的暴胀过程中，在极其短暂的时间（即仅仅只有10^{-35}秒）内，空间就从微观尺度膨胀为宏观尺度，这导致这些微观尺度上的不均匀性还未来得及改变，就被放大成宏观尺度上的不均匀性。也就是说，暴胀时产生的不均匀性会“原封不动”地保留到暴胀之后，即这些“指纹”在暴胀过程中将保持不变，如图3-21所示。

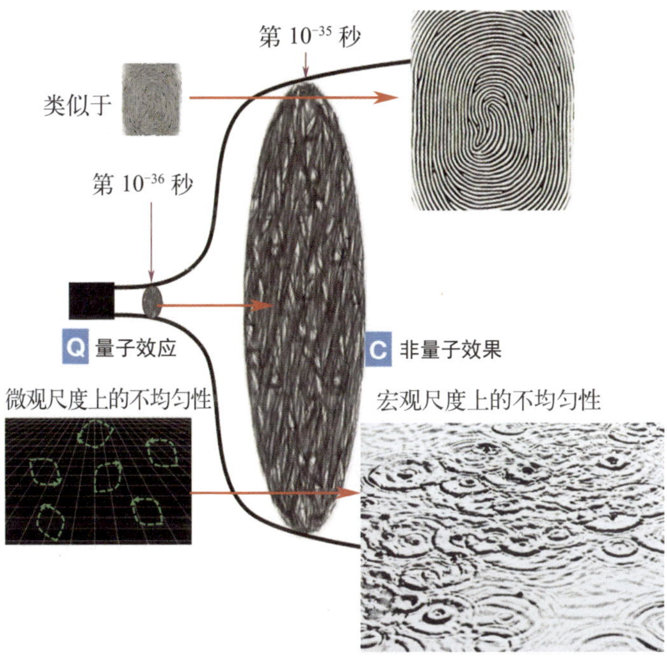

图3-21　宇宙起源时留下的“指纹”

“指纹”的这种保持不变几乎成为我们探索宇宙最初起源的救命稻草，因为这意味着，即使我们不了解暴胀过程的细节，但仍然可以根据这些“指纹”去探索暴胀之前的宇宙，尽管这方面的研究目前还不多。

到了宇宙诞生之后的第10^{-10}秒，也就是当普通物质诞生之后，能量密度分布的这些不均匀性就转变成普通物质的密度分布的不均匀性。也就是说，普通物质的密度分布仍然保留着宇宙诞生时产生的“指纹”。

在之后的演化过程中，受物质之间引力的作用，物质密度分布中一部分不均匀性开始变得越来越强。具体来说，密度大的区域内的密度开始变得越来越大，而密度小的区域内的密度开始变得越来越小。当氢元素和氦元素诞生之后，在小尺度上，物质密度大的区域内，氢元素和氦元素开始聚集起来，最终诞生了恒星和星系；而密度小的区域内，氢元素和氦元素就成为了星际尘埃。

因此，我们可以看到一个非常清晰的演化过程，那就是宇宙诞生时产生的不均匀性，演化成了星系物质分布的不均匀性，如图3-22所示。

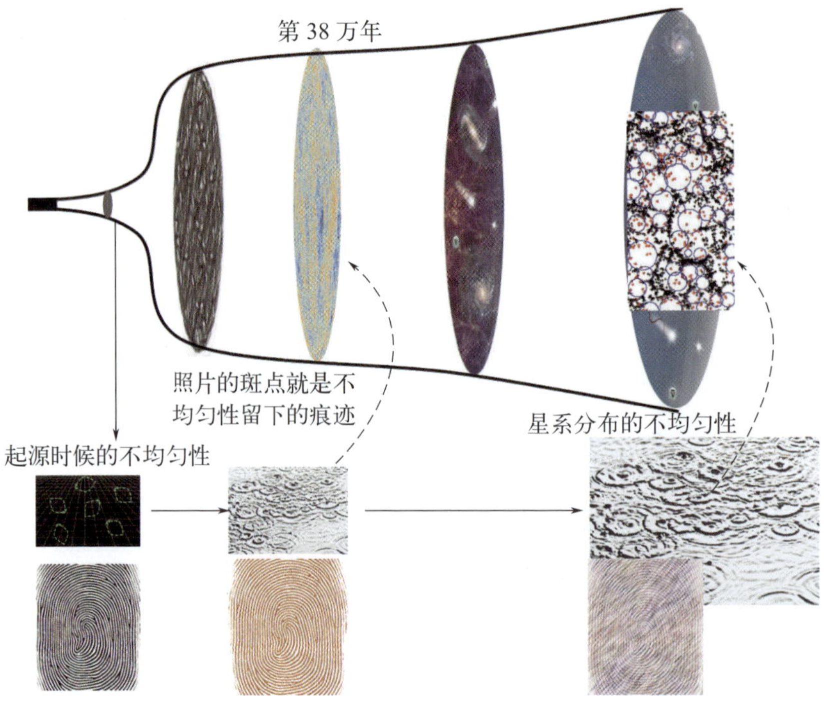

图3-22　今天已经成功观测到宇宙起源时留下的“指纹”

不过，在小尺度上，宇宙诞生时的“指纹”已经被星系的演化过程“磨平”，无法辨认。但在大尺度上，这些“指纹”演化成宇宙中的“长城”和空洞模样，一种类似于肥皂泡的结构，如图3-22右图所示，第8章将谈到这些模样。尽管这些“指纹”已经变得模糊，但以今天的计算能力，我们可以轻松地从这些模糊了的“指纹”中计算出它清晰的纹路。不仅如此，这些“指纹”在宇宙诞生之后的第38万年就已经在一张“照片”上留下了清晰的纹路，即图3-22中间部分的那些彩色斑点，第16.3节将会单独解释这张极其重要的“照片”。

当把保留到今天的这些“指纹”与宇宙诞生时的那些“指纹”进行对比之后，我们惊奇地发现它们是重合的，如图3-23所示。

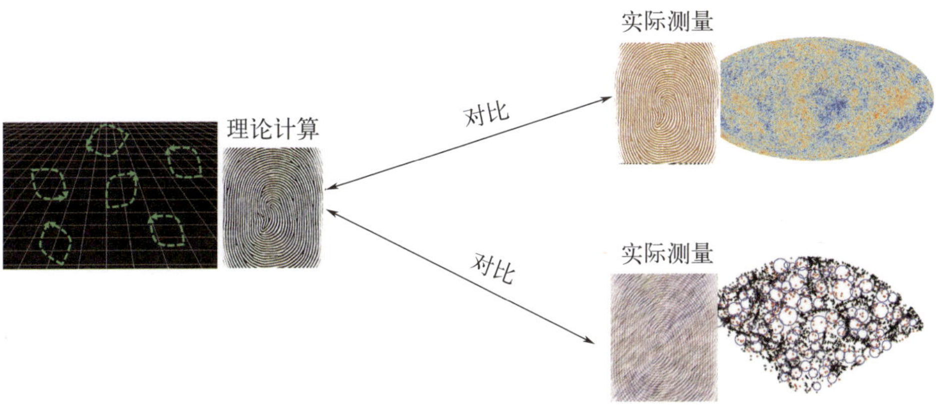

图3-23　目前验证暴胀理论的方法

这是一个激动人心的结果，因为这表明我们关于宇宙起源的这个解释是值得信赖的。人类对宇宙起源的认识达到前所未有的高度，我们居然可以对第10^{-36}秒的宇宙进行观测验证。这简直难以想象，连宇宙学家都为之感到震惊和兴奋。第10^{-36}秒，这是一个我们无法想象的时间，也是我们实验室无法企及的时间，然而，我们关于宇宙起源的这些理论解释却是自洽的，同时与观测也是吻合的。

第4章 对宇宙大爆炸理论的常见误解

人们对宇宙大爆炸理论常常存在很多误解，比如认为宇宙起源于一次不可思议的大爆炸。这种误解大多来自“大爆炸”这个不恰当的名字。特别是当这个理论从宇宙学家传播到社会民众时，这个不恰当的名字更是带来了很多望文生义的误解。然而，上一章已经谈到过，宇宙的起源过程与一颗炸弹爆炸的过程有着本质的区别。我们的宇宙既不是起源于一场大爆炸，也不是起源于一个奇点。

4.1 对大爆炸的误解——起源不是一场大爆炸

上一章谈到，在宇宙诞生之后第10^{-36} ~ 10^{-10}秒，宇宙先后经历了能量起源和普通物质起源的过程。宇宙空间自身在这两个起源过程中一共膨胀了10^{39}倍。膨胀10^{39}倍已经完全超出了我们的直观体验，如果将一个原子所占空间膨胀为今天可观测宇宙那么大，膨胀倍数也才是10^{36}倍。

但是，这个难以想象的空间膨胀过程却不是一场爆炸的过程，其根本原因在于这个膨胀过程本身就是空间“创生”的过程，也就是空间自身“从少到多”的改变过程。而一颗炸弹的爆炸则是弹片在已有空间中扩散的过程，空间自身在炸弹的爆炸过程中没有发生任何改变，空间既不会增加也不会减少。

另外，在物质起源的过程中，暴胀场在空间的每个位置都会衰变成基本粒子。也就是说，在空间的每个位置，物质都在被创生出来。所以，物质的这个起源过程并不是所有物质先集中在空间的某一点，然后再向周围扩散开来的过程，而是从空间的每个位置不断地“冒”出来的过程。但是，一颗炸弹的爆炸过程，物质则是先集中在空间的某一点，然后随着爆炸向周围空间不断扩散，如图4-1所示。

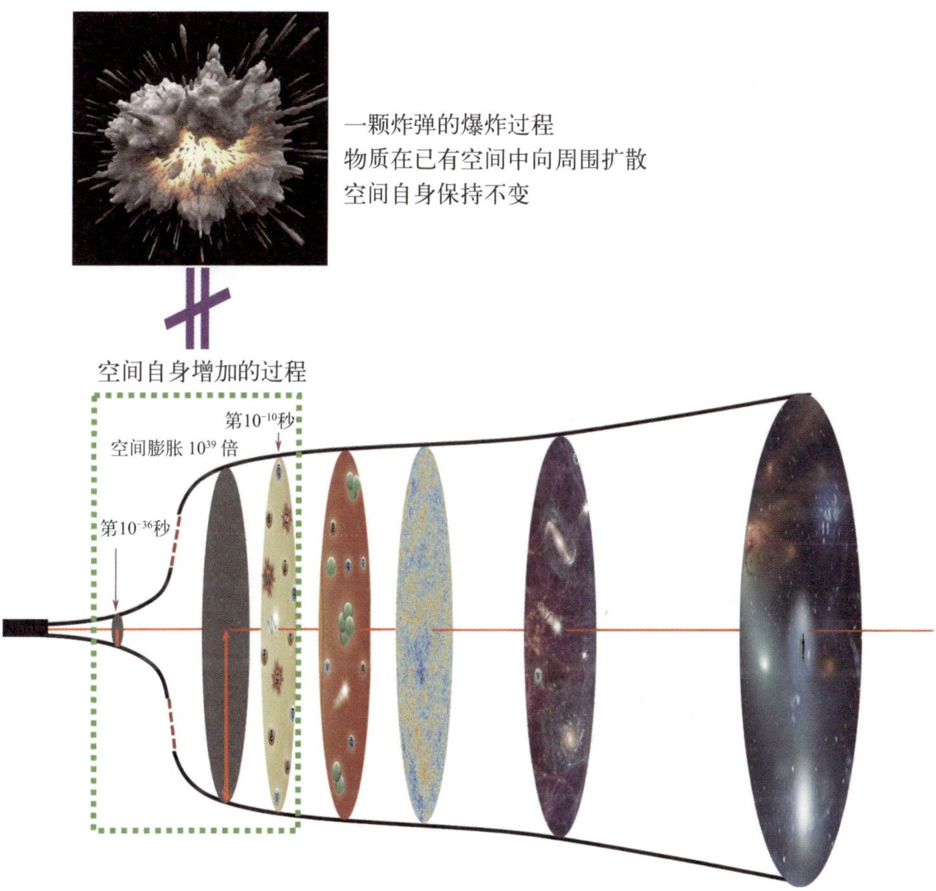

图4-1　宇宙起源过程与炸弹爆炸过程的本质区别

基于上述两个过程本质的不同，能量和普通物质的起源过程与一颗炸弹的爆炸过程根本就是完全不同的两个过程，它们之间存在本质区别。

至于第 10^{-36} 秒之前的宇宙，时空的起源过程与一颗炸弹的爆炸过程更是没有任何相同之处，因为时空的起源过程是一场从量子效应转变成经典效应的过程。而且上一章已经谈到过，我们对这个转变过程所知甚少。

总之，整个宇宙的起源过程与一颗炸弹的爆炸过程完全不同。把宇宙的起源过程理解为类似一颗炸弹爆炸的过程是完全错误的，这是被宇宙大爆炸理论这个名字中的“大爆炸”三个字误导了。

4.2 对奇点的误解——起源不是一个点

第二个常见的误解就是认为宇宙中所有物质在起源时被压缩成一个点。比如常常有这样的说法，我们的宇宙是从一个密度无限大的奇点，通过大爆炸演化而来的，如图 4-2 所示。

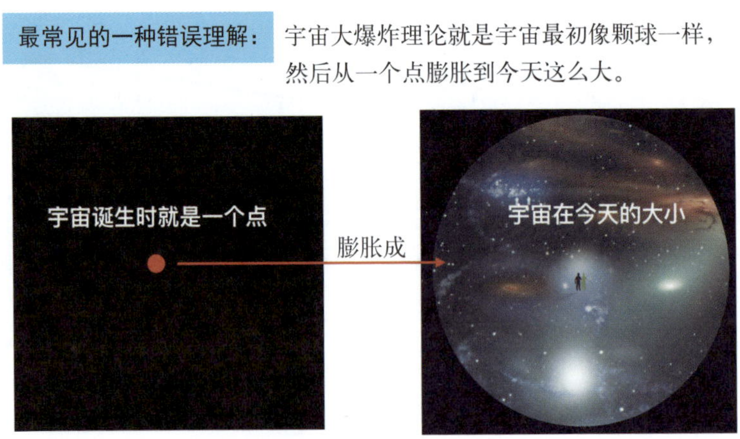

图4-2 宇宙起源的一个错误理解

这种误解存在两个根本性的错误。第一个错误是认为存在所谓的奇点；第二个错误是认为我们可观测的宇宙部分就是整个宇宙的全部。

按照大家在日常生活中的通常理解，当空间缩小时，物质密度就变大。那么向过去不断追溯，宇宙空间就在不断收缩，那么物质密度就在不断变大。当追溯到尽头，宇宙空间就收缩为一个点了，物质密度也变为无穷大了。这个点就是所谓的奇点。正如第1章谈到过的，这种观点在宇宙大爆炸理论刚刚提出的时候就已经被很多人想到了。

奇点最初是彭罗斯他们在研究黑洞时提出的概念，它完全是根据广义相对论推导出的结论。出现这样的奇点需要两个前提条件：第一个前提条件是无论在多么小的尺度上，时空与我们在宏观上所采用的时空仍然是完全一样的；第二个前提条件是空间中只分布着普通物质。但是，在宇宙起源的时候，这两个前提条件都还不存在。

首先，就像上一章谈到过的，当追溯到暴胀阶段时，也就是追溯到第10^{-36}秒的时候，尽管空间收缩到了原来的10^{26}分之一，但宇宙中的能量密度却保持不变，没有再继续变大。这基本上已经避免了密度无限大的问题。而且，在这个时候，宇宙空间被暴胀场真空态的能量所填充，普通物质在这个阶段还没有诞生。所以，出现奇点的第二个前提条件并不满足。

其次，当时间追溯到第10^{-43}秒时，我们就无法继续向前追溯了，因为第10^{-43}秒已经是最小的时间间隔。也就是说，“这时”的时空还没有成为我们在宏观上所采用的时空，广义相对论在“这时”还没有生效，即第一个前提条件并不满足。

所以，向过去不断追溯的过程中，不存在空间无限小和密度无限大的问题，即所谓的奇点并不存在。

当然，第一个误解会导致大家更容易产生第二个误解。这是因为如果把可观测的宇宙部分理解为整个宇宙的全部，那么整个宇宙就是有限的，从而当这个有限的宇宙缩小足够多之后就变成一个点了，这就好像将一个篮球缩小足够多之后，它就变成一个点。

但是，我们可观测的这部分宇宙只是整个宇宙中的沧海一粟。所以，即使追溯到最开始，整个宇宙也不会收缩为一个点。根据暴胀理论的计算，在我们可观测的这部分宇宙之外，还存在其他宇宙空间。这些空间区域在诞生之后，由于初始条件不一样，可能会发生与我们这个宇宙完全不同的暴胀过程，从而诞生出完全不同的其他宇宙，如图4-3所示。第13章还会谈到这一点。

总之，出现奇点的两个前提条件在宇宙起源的时候都还没有产生。密度无限大的奇点完全是根据我们在日常生活对物质理解所推导出的一个结论。可是，我们在日常生活所理解的物质在宇宙起源时还没有诞生。

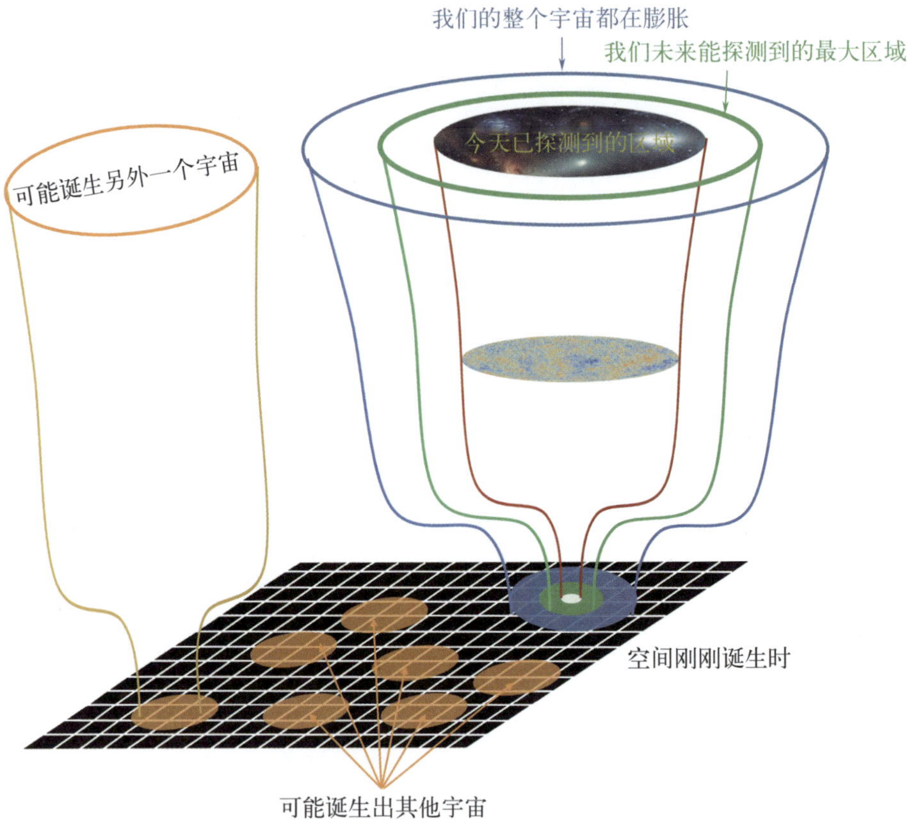

图4-3　整个宇宙最初并不是一个点

第5章 宇宙的年龄是如何测量的

如果未来发现宇宙还包含其他成分，那么，138亿年这个答案就不再正确，需要再次改写。

当接受宇宙存在一个开端之后，那么宇宙就必然存在一个有限的年龄。这样一来，大家自然就会非常关心一个问题：我们这个宇宙的年龄有多大？在今天，这个问题的答案是138亿年。

这个数字并不是直接测量出来的，而是通过观测数据计算出来的。因此，随着观测数据的调整变化，这个数字还会改变，比如在十多年前，这个数字还是137亿年。

这当然是一项了不起的成就。要知道，在不久之前的20世纪90年代，我们还只能将宇宙年龄确定到100亿年到150亿年之间，而且，采用不同来源的观测数据计算出的年龄甚至相差几十亿年。只要随便翻阅一本那个时代出版的科普书籍，比如大名鼎鼎的《时间简史》，大家对此就会留下深刻印象。而在更早的时候，关于宇宙的年龄，我们更加不确定，比如在哈勃刚刚发现哈勃定律的时候，我们只能将宇宙年龄确定到几十亿年到几百亿年之间。

总之，确定宇宙的年龄并非一件容易的事，特别是直接测量宇宙年龄的方法至今都还没有找到。

5.1 能否直接测量宇宙的年龄

我们能否直接测量宇宙的年龄呢？最容易想到的方法就是测量宇宙中最古老天体的年龄。在考古学中，我们采用碳-14来测量文物的年龄。受此启发，我们也采用类似的方法去测量天体的年龄。

比如说，我们利用地球岩石中的放射性元素可以测定地球的年龄为46亿年，而地球和太阳系几乎同时形成，那么太阳系的年龄也为46亿年。推广一步，我们也可以采用此方法去测定银河系的年龄，但事情不再像测量地球年龄那样容易了，因为选取银河系中的古老星体来测定其年龄时，我们只能得到一个大致范围，在120亿年到140亿之间。如果再推广一步，采用此方法测量银河系之外的古老星体的年龄，我们也只能得到一个大致范围，在130亿年到170亿年之间。

所以，像考古学家那样去直接测量宇宙的年龄，即使对于已经迈入21世纪高科技时代的我们来说，仍然无法实现。我们目前仍然只能采用理论推导来计算宇宙的年龄。

5.2 如何用理论推算宇宙的年龄

理论上计算出宇宙年龄的方法其实很简单，下面采用一个大家熟悉的例子来进行说明。

比如说，一辆汽车以100千米/时速度行驶，司机在某个时刻开始踩刹车，那么，只要知道汽车速度减慢的过程，我们就可以计算出汽车需要多长时间才能停下来。如果司机踩刹车轻一点，汽车减速过程就慢一些，那么停下来所需要的时间就长一些。如果司机踩刹车重一点，汽车减速过程就快一些，那么停下来所需要的时间就短一些。

宇宙年龄的计算方法是类似的。宇宙空间在不断膨胀，就类似汽车在不断运动一样。描述宇宙空间膨胀剧烈程度的数学语言就是著名的哈勃参数H，它类似于描述汽车运动快慢的速度V，如图5-1所示。

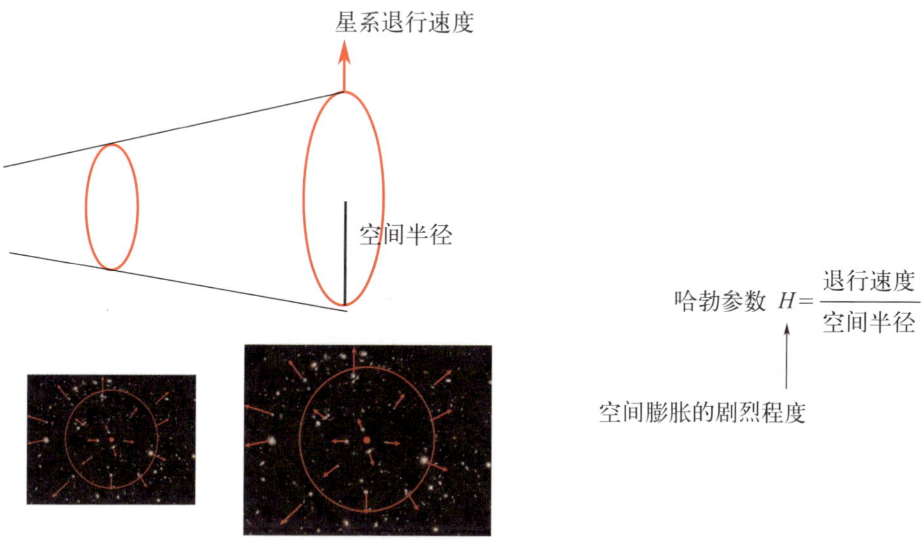

图5-1　哈勃参数的大小代表空间膨胀的剧烈程度

由于宇宙空间的膨胀是由宇宙中各种物质和能量共同推动的，那么宇宙中各种物质和能量的多少就类似于司机踩刹车的轻重。所以，只要知道宇宙在刚开始膨胀时的剧烈程度H_{begin}（相当于汽车开始刹车的速度V_{begin}），宇宙在今天膨胀的剧烈程度H_0（相当于汽车停止后的速度V_0），以及宇宙中各种物质和能量的多少（相当于司机踩刹车的轻重），那么就可以严格计算出宇宙空间的膨胀从最初的剧烈程度下降为今天的剧烈程度所需的时间，这个时间当然就是宇宙的年龄，如图5-2所示。

138亿年就是采用这种方法计算出来的。当然，从这个计算方法中可以看到，138亿年是否就是最后的正确结论还取决于一个前提条件：我们已经完全清楚宇宙中各种物质和能量的多少。目前已知的宇宙成分包括暗能量、暗物质和普通物质。而在1998年之前，我们认为宇宙只包含暗物质和普通物质，所以，那时候采用完全相同的计算方法得出的宇宙年龄只有90亿年。

当然，我们无法保证未来不会再发现其他的物质或能量了。所以，如果未来发现宇宙还包含其他成分，那么，138亿年这个答案就不再正确，需要再次改写。

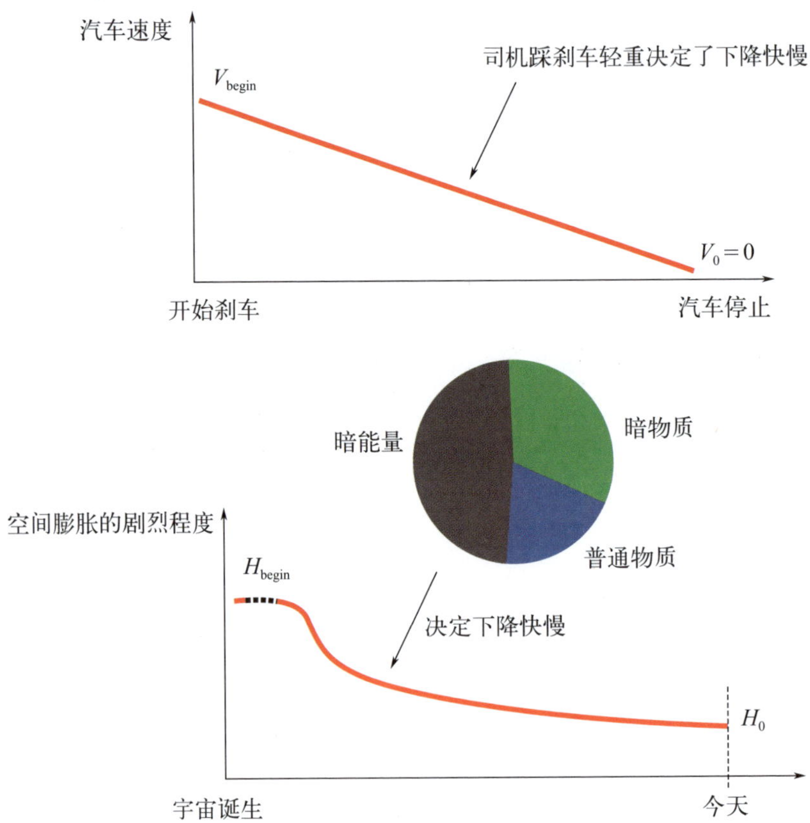

图5-2　计算宇宙年龄的方法

第6章 宇宙的四种大小

我们的视野被囚禁起来了，永远都只能看得到这个无限宇宙的有限部分，这真是令人无比沮丧又绝望。

面对浩瀚的宇宙，每个人都发出过这样的疑问：宇宙到底有多大？在古代，大多数文明都认为宇宙是有边界的，比如宇宙被一个天球包裹住，或者被一个盖子盖住。至于这些天球或盖子有多大，尽管古人已经将他们的想象力发挥到了极致，但他们给出的数字在今天看来却小得可怜。这反过来提醒了我们，宇宙目前还未知的部分或许也将超出我们想象力的极限。

到了16 ~ 17世纪，也就是现代科学革命发生的时候，宇宙被天球包裹的思想才开始消失，宇宙是无限的思想才逐渐形成。思想的这个转变无比艰难，它需要无数思想家不断地阐述才能得以完成，比如从布鲁诺的《论无限、宇宙与众世界》到笛卡儿的《论世界》。但即使是这样，在当时，仍然只有极少数人接受宇宙是无限的。

到了19世纪，随着望远镜的改进，我们已经能够测量出银河系的大致形状，如图6-1所示。测量结果显示银河系是有边界的，这意味着在无限的宇宙中，银河系只是像海面上的一座小岛。于是，人们开始猜测在银河系之外，是否还有其他类似银河系的“小岛”存在。这种想法在当时称为宇宙岛理论。

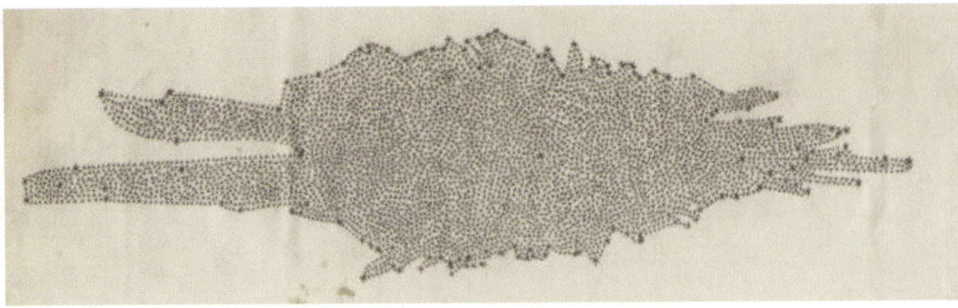

图6-1 天文学家在19世纪早期绘制的银河系

到了20世纪20时代，哈勃通过更加先进的望远镜向更远的地方望去，证明了宇宙岛理论是成立的。在银河系之外，的确还存在数不尽的、和银河系类似的星系，它们在今天都被称为河外星系。

就这样，随着望远镜技术的不断提高，已经被看到的边界在不断刷新。但是，到了今天，这种方法已经快要陷入绝境了。这是因为光速是有限的，宇宙的年龄也是有限的，那么，一束光即使在宇宙诞生之初就开始传播，然后在宇宙中一直传播到今天，它所传播的距离仍然是有限的。也就是说，采用望远镜，我们最终只能看到无限宇宙中的有限部分。这个有限部分就称为可观测宇宙，它的大小称为宇宙的第一种大小。

6.1 第一种大小——可观测部分的边界

当我们在清晨接收到第一缕阳光时，这束光是太阳在大约8分钟之前发出的。光每秒会传播30万千米，那么这束光一共传播了约1.5亿千米才到达我们这里。利用这种方法，我们就知道了太阳离我们有多远。

如果这束光传播1年，那么它所传播的距离已经达到9.46万亿千米。这个距离称为1光年。当然，如此巨大的距离早已经超出我们直观感受的范围，我们只能通过类比来感受它到底有多么巨大。比如说，地球相对于1光年的大小就相当于1只小小的蚂蚁相对于地球的大小，如图6-2所示。

图6-2　通过对比，感受1光年的大小

当我们将望远镜对准离太阳系最近的恒星——比邻星的时候，我们接收到的光是比邻星约在4年前发出的。于是，我们说比邻星距离我们约4光年。当将望远镜对准肉眼可见的仙女座大星系时，我们接收到的光是仙女座星系在约250万年前发出的。于是，我们说仙女座星系距离我们大约250万光年。

但是，在更远的距离上，这种利用光传播的路程来测量距离的方法就失效了，因为空间膨胀产生的距离已经足够大，不能忽略了。比如说，利用更先进的哈勃望远镜，当我们接收到某星体在约50亿年前发出的光的时候，该星体与我们之间的距离在今天就不止50亿光年了（也不是这束光发出时的40亿光年），而是约为60亿光年，如图6-3所示。这是因为在这束光传播到我们这里的这段时间，整个宇宙空间的大小膨胀了1.5倍，也就是说，由于空间膨胀而拉伸的距离已经高达20亿光年。

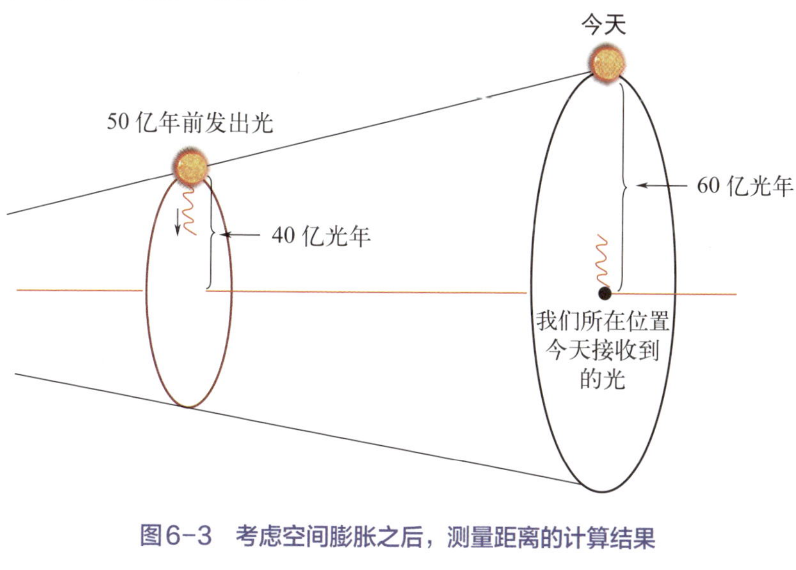

图6-3　考虑空间膨胀之后，测量距离的计算结果

如果将望远镜对准更古老的星体，那么由于空间膨胀而拉伸的距离就更大。比如说，将望远镜对准第一批恒星，它们大约在第5亿年诞生，也就是在133亿年前诞生，那么这些恒星所在位置在今天已经距离我们约330亿光年了。这是因为在这束光传播到我们这里的这段时间，整个宇宙空间的大小已经膨胀了11倍，那么，由于空间膨胀而拉伸的距离就已经达到300亿光年。

再往前追溯，今天能接收到的最古老信号是宇宙在第38万年发出来的。那么，当今天接收到一束从某个位置在第38万年发出的电磁波时，该位置在今天已经距离我们约460亿光年了，如图6-4所示。这是因为从第38万年到今天，整个宇宙空间的大小已经膨胀了1100倍，这460亿光年的距离几乎都是由于空间膨胀而拉伸出来的。

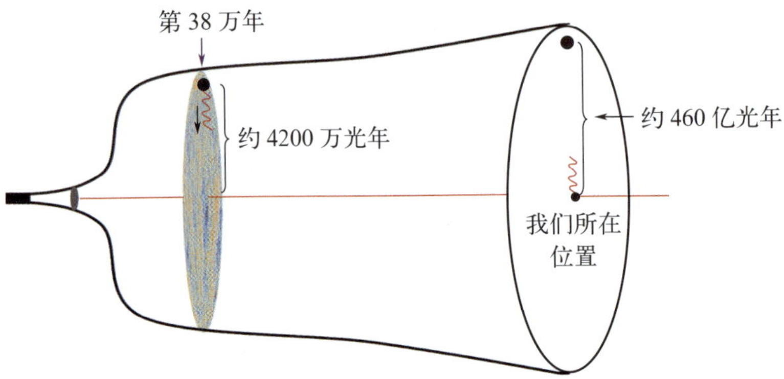

图6-4　今天已经观测到的最远位置

在无限的宇宙中，这个460亿光年的距离就是我们今天已经观测到的最远地方了。而且，这个距离已经非常接近我们的极限，因为我们即使制造出更加尖端的望远镜（比如以中微子或引力波，而不是电磁波为接收信号的望远镜）观测到宇宙在刚诞生后第1秒发出的信号，那么我们测量出的距离也只有465亿光年，如图6-5所示。

所以，在无限的宇宙中，465亿光年的距离就是我们今天可以观测到的最远边界了。它就是今天可观测的那部分宇宙在今天的大小，是我们人类视野在今天所能达到的极限。

我们目前无法突破这个极限边界，这与我们观测设备是否先进没有任何关

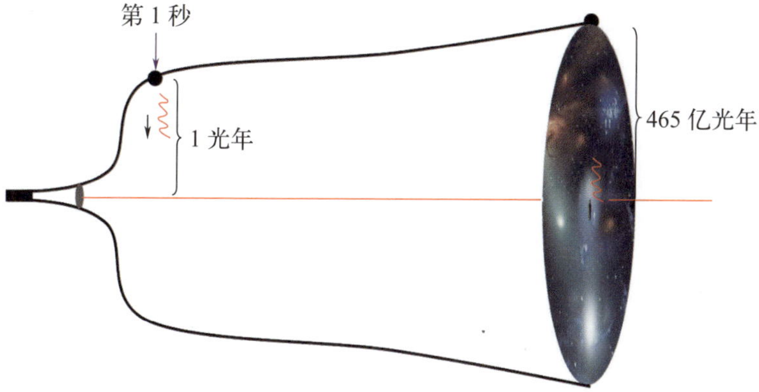

图6-5　今天理论上可以观测到的最远位置

系，它完全是由宇宙的有限年龄和光传播的有限速度造成的。在没有找到超光速的信号传递方式之前，我们永远无法突破这个极限。

需要特别注意的是，很多人将465亿光年理解为整个宇宙空间的大小，但这是一种误解，因为465亿光年只是代表我们可观测范围的边界，并不是整个宇宙空间的边界或大小。在这个边界之外，宇宙空间仍然存在着，如图6-6所示。尽

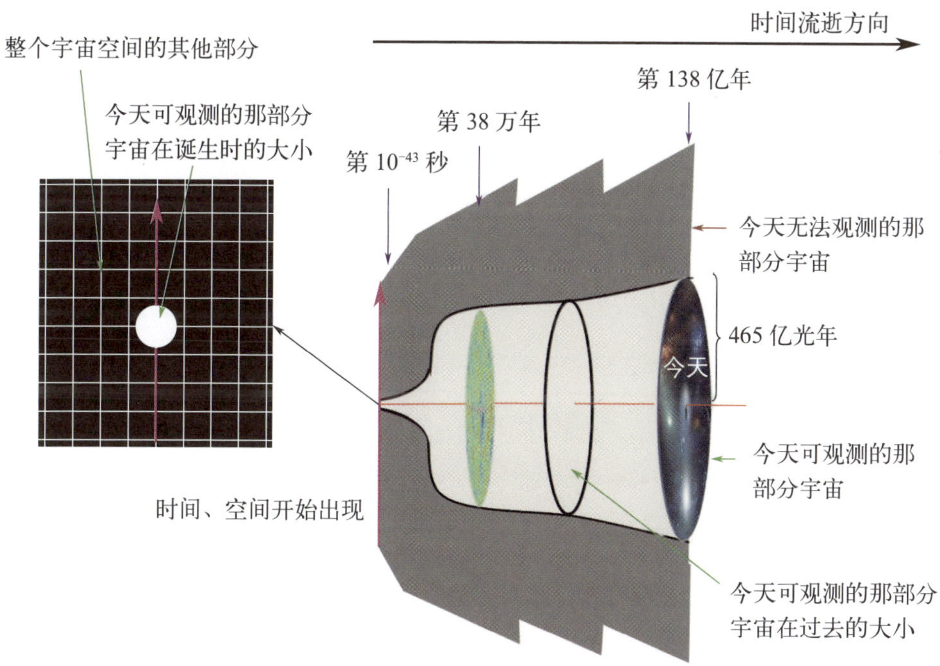

图6-6　我们的视野在今天的边界

管我们无法采用直接观测来证明这个结论，但它是宇宙大爆炸理论的前提条件之一。

尽管在今天，这个465亿光年的边界无法突破，但这并不意味着465亿光年以外的宇宙部分永远是不可知的。今天不可观测的区域在未来有可能变为可观测的。为了理解这一点，我们需要了解宇宙的第二种大小。

6.2 第二种大小——光信号到达的边界

如果就在太阳向我们射出一束光的同时，我们也向太阳射出一束光，那么，当我们接收到太阳发出的这束光时，太阳也将接收到我们向它发出的光。同样，如果在138亿年之前，也就是在宇宙诞生后不久，有一束光就从我们今天所处位置在宇宙诞生时所对应的位置向周围发射出去[1]，那么这束光在今天正好传播到465亿光年的边界处，如图6-7所示。

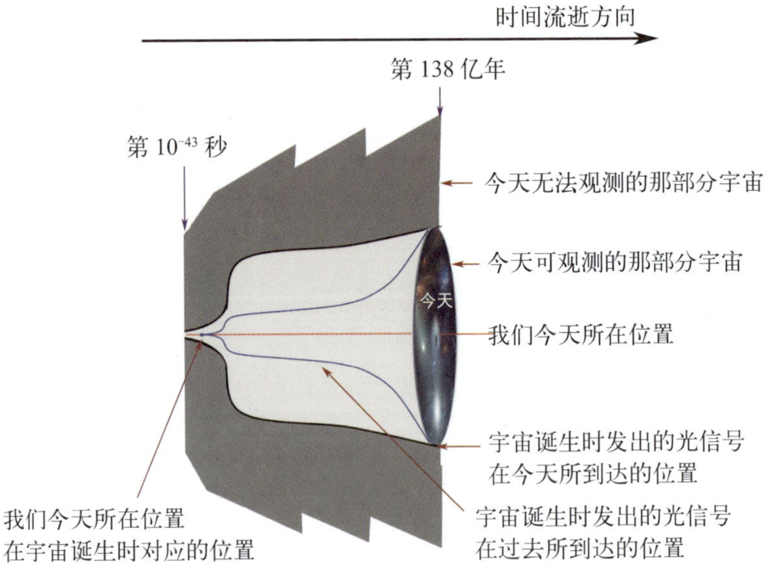

图6-7 宇宙诞生时发出的光信号所到达的位置

---

[1] 这里忽略光在早期会被带电粒子遮挡的问题。

当这些信号到达465亿光年的边界处时，它们不会被边界所阻挡，而是穿过这个边界继续向更远的区域传播。这些更远的区域就称为宇宙的第二种大小，它代表信号已经达到的边界。宇宙学家将这种边界称为粒子视界。

比如说，在50亿年之后，这些信号将到达更远的区域，那么，这些区域就称为50亿年后可观测的那部分宇宙。它将大于今天可观测的那部分宇宙。比如说，假设在465亿光年外某个地方存在一颗天体，这颗天体对今天的我们来说是不可观测的，即今天无论采用什么样的观测设备都看不到它，但50亿年之后的人们却可以用望远镜看到它，如图6-8所示。

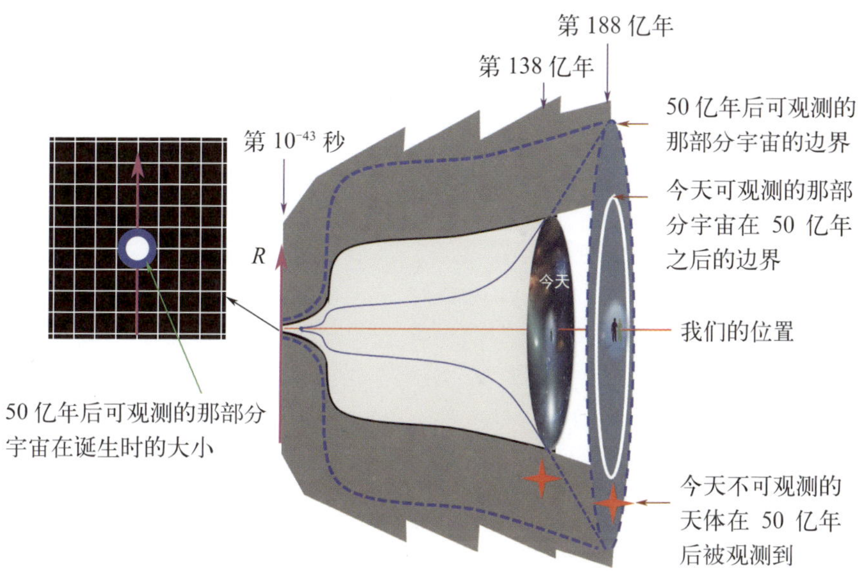

图6-8　在50亿年之后，宇宙可观测区域的大小

某个今天看不到的区域，也许明天就能被看到，而且随着时间推移，我们未来能看到的区域将会越来越大。那么，这是否意味着只要在足够遥远的未来，我们就能看见无限宇宙的所有区域呢？

这个问题的答案取决于宇宙空间在未来是加速膨胀还是减速膨胀。如果是加速膨胀，我们将不得不面临一个令人绝望的结局，那就是即使在无穷远的未来，我们都只能看见这个无限宇宙的有限部分，我们的视野被“囚禁”了。为了理解这一点，我们需要了解宇宙的第三种大小。

6.3 第三种大小——未来能看到的最远边界

在图6-8中，宇宙诞生时就发出的这些信号可以在宇宙中永远地传播下去。这很容易让我们产生这样一种结论：在无穷远的未来，这些信号可以传播到无穷远的位置。但是，在宇宙空间加速膨胀的情况下，这是一个错误的结论。

这是因为如果宇宙空间一直加速膨胀下去，那么未来总有一天，有些区域由于空间膨胀离开我们的速度将超过这些信号的传播速度，从而导致这些信号永远都无法传播到这些区域。

具体来说，如果宇宙空间的膨胀速度在未来越来越快，那么图6-9中蓝色点代表的空间位置离开我们的速度就会越来越快，快到连这些光信号都追不上。那么，即使在无穷远的未来，蓝色点之外的区域对我们来说也是不可观测的。

所以，即使在遥远的未来，我们的视野也存在一个边界。宇宙学家将视野

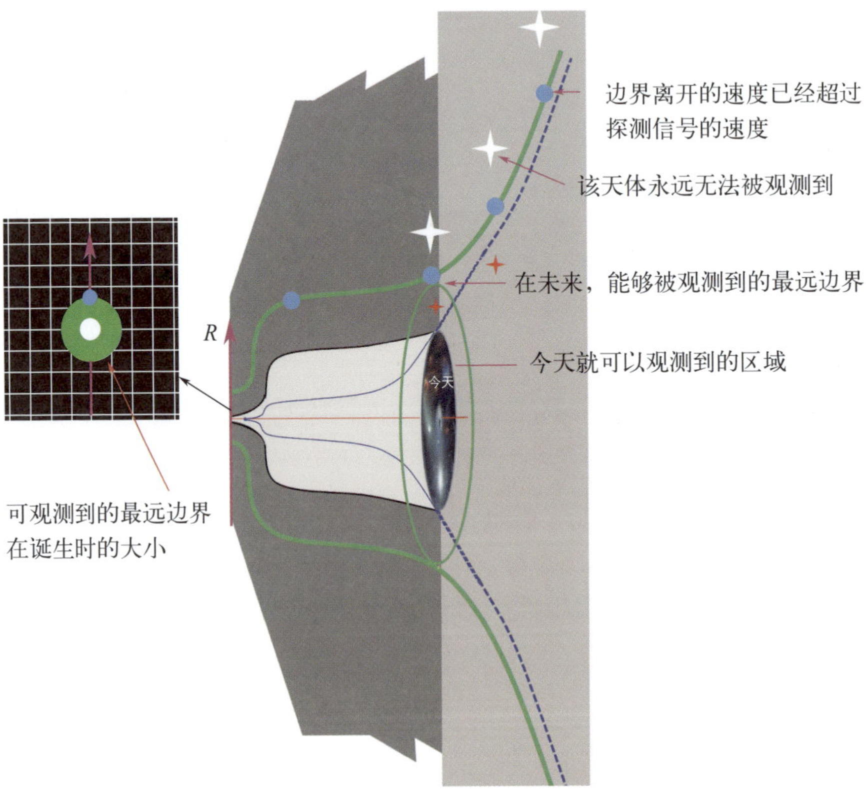

图6-9 在无穷远的未来，蓝色边界就是我们能看到的最远边界

的这种局限称为未来事件视界。它代表我们在未来能够看到的最远边界。这个边界就是宇宙的第三种大小。它的半径在今天约为620亿光年，即图6-9中绿色圈的大小。

这个边界之外的那部分宇宙对我们来说是永远不可见的，比如图6-9中位于这个边界之外的白色星体，我们永远都看不到它。所以，在这个无限的宇宙中，我们的视野被囚禁起来了，我们能看到的永远都只是这个无限宇宙的有限部分。这真是一个令人无比沮丧和绝望的困境，而且，只要宇宙还在继续加速膨胀，我们无法对此困境做出任何改变。

6.4 第四种大小——膨胀速度等于光速的边界

由于宇宙空间整体都在膨胀，这就导致我们周围的空间位置都在离我们远去。这个现象的一种表现方式就是我们周围的星系不断地远离我们，越远的星系离开我们的速度越快。那么，离我们足够远的星系离开我们的速度就必将超过光速，也就是说，我们会看到这些星系以超光速的方式离开我们。

这样一来，那些膨胀速度正好等于光速的空间位置就形成了一道边界。它就是宇宙学家常说的哈勃视界，如图6-10中紫色边界所示。这个边界的大小称

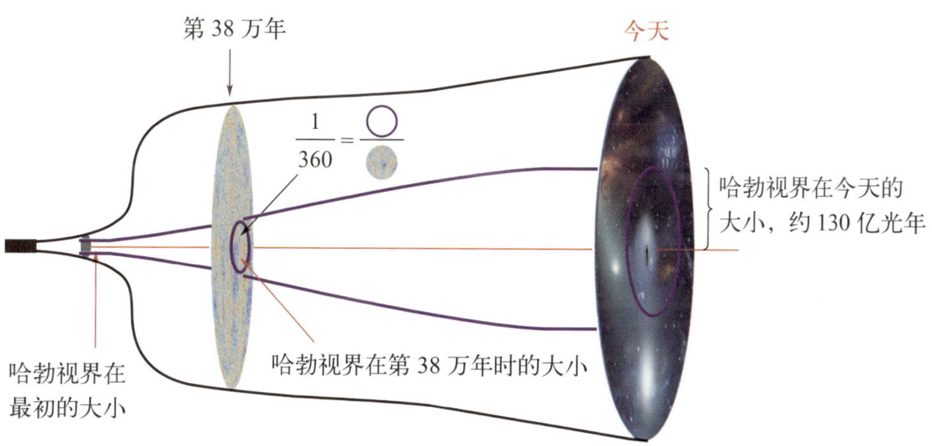

图6-10　在不同历史阶段，膨胀速度等于光速的边界大小

为宇宙的第四种大小。

哈勃视界的大小完全由宇宙膨胀的剧烈程度来决定。具体来说，宇宙空间膨胀的剧烈程度越大，哈勃视界就越小。在不同历史时期，宇宙膨胀的剧烈程度是不一样的，所以哈勃视界的大小在不同历史时期也是不一样的。

在最开始的第10^{-36}秒，暴胀过程极其剧烈，所以哈勃视界极限微小，半径只有10^{-26}厘米那么大，如图6-10（左边）所示。暴胀过程之后，宇宙空间膨胀的剧烈程度才开始慢慢减弱，但到第38万年的时候，膨胀的剧烈程度仍然比较剧烈，所以哈勃视界仍然很小，只有今天可观测的那部分宇宙在当时大小的1/360[1]，如图6-10（中间）所示。宇宙空间膨胀的剧烈程度在之后继续减弱，哈勃视界在之后也就继续变大。到了今天，哈勃视界已经变大到130亿光年，这意味着130亿光年处的星系正在以光速远离我们。

---

[1] 在大爆炸理论发展的早期，这个结论成为了大爆炸理论自身的一个缺陷，为了克服这个缺陷，暴胀过程才被提出来了，第12章会详细谈到这一点。

第7章 宇宙的五个生命阶段

如果穿越到那个时代，会发现整个宇宙一片漆黑，那个时代因此称为黑暗时代。

人类漫长的历史已经留下数不尽的书籍，但仅仅凭借一本书就能扭转人类整个思想的著作屈指可数，1859年出版的《物种起源》就是其中一本。在此之后，人们不再相信事物可以凭空产生，而且一成不变，转为相信一件事物都是从其他事物演化而来的。到了今天，作为人类，除了生命和大脑意识的起源与演化之外，我们最关心的问题当然就是宇宙的起源与演化了。

对于生命的演化阶段，大家一定对像侏罗纪、寒武纪、冰河期这样的名字很熟悉，尽管它们所描述的阶段是按地质年代来划分的。具体来说，46亿年的地球划分为四个宙（比如今天属于显生宙），每个宙又划分为若干代（比如三叶虫属于古生代），每个代又划分为若干纪（比如恐龙属于侏罗纪），每个纪又划分为若干世，每个世又划分为若干期（比如冰河期）。对于宇宙的演化阶段，还远没有达到如此精细的划分，更没有像宙、代、纪、世、期这样的统一命名，不同的资料对宇宙演化阶段的划分和命名还没有统一。那么，下面姑且将宇宙的演化过程划分为五个时期，每个时期再分为若干代，如图 7-1 所示。

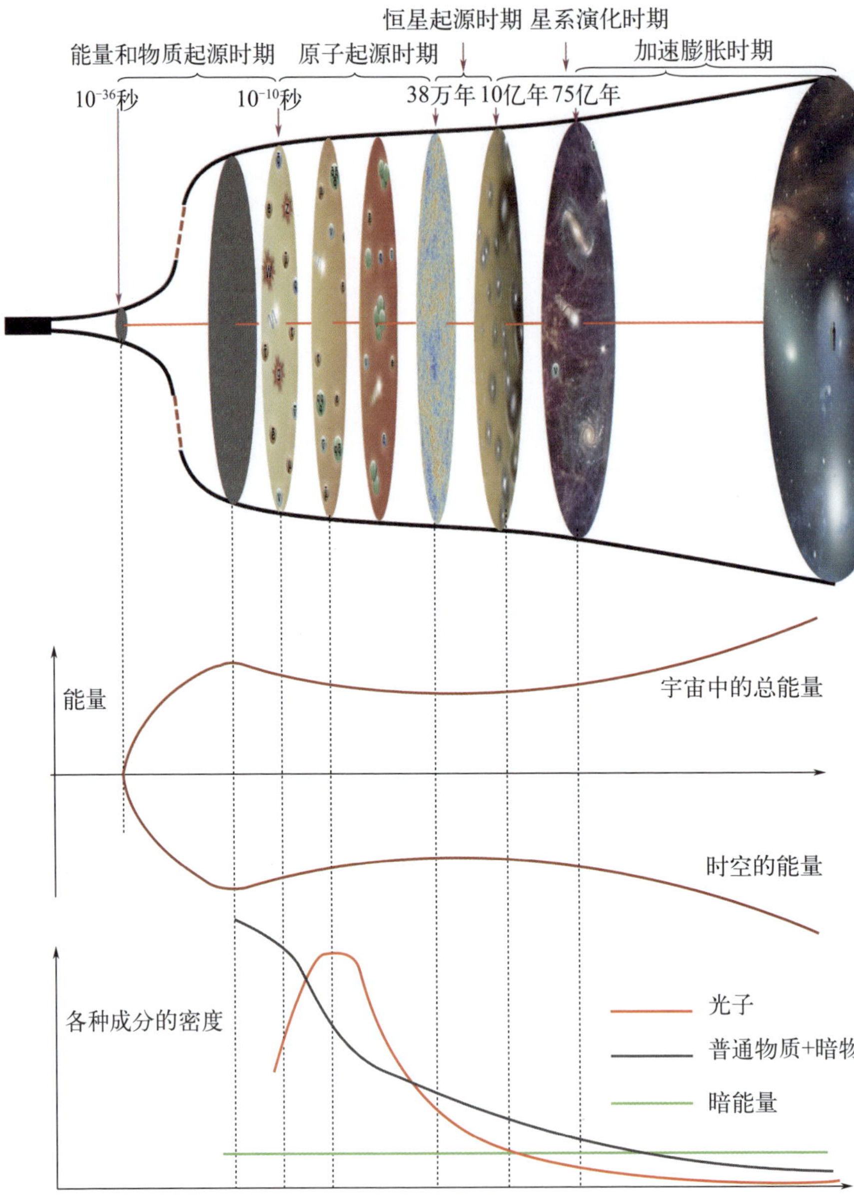

图 7-1　宇宙演化阶段的划分

7.1 宇宙的诞生——能量和物质起源时期

时空是如何起源的？我们目前仍然只能说出只言片语。不过，对于能量和物质的起源，我们已经有了丰富的结论，答案就是：暴胀过程就是能量起源的过程；暴胀过程所创生的能量衰变成基本粒子的过程就是物质起源的过程。宇宙在这段时期的参数如图 7-2 所示。

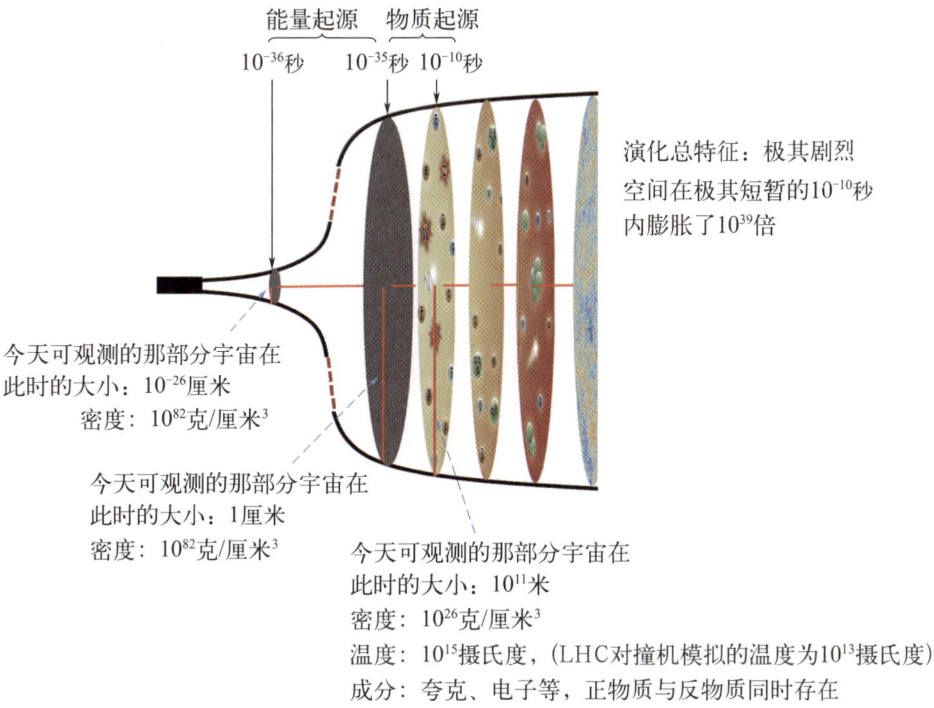

图7-2　能量和物质起源时期

7.2 宇宙的婴儿期——氢和氦元素起源时期

第二个时期为氢元素和氦元素诞生的过程。该时期又分为三个时代：质子诞生时代、原子核诞生时代、氢和氦原子诞生时代，如图 7-3 所示。

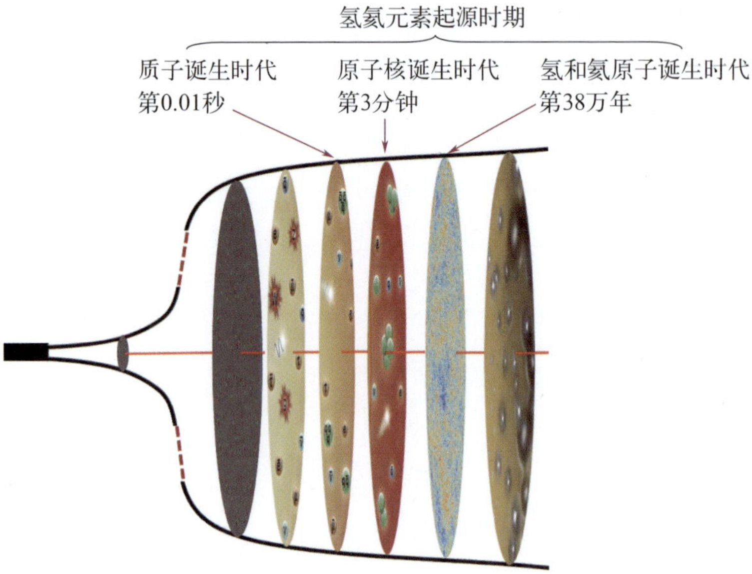

图7-3　氢和氦元素起源时期

7.2.1　质子诞生时代

在质子和中子形成之前，温度还非常高，以至于强大的强相互作用都还无法将夸克聚集在一起形成中子和质子，从而导致物质主要以夸克和胶子相互碰撞的形式存在，也就是形成所谓的夸克-胶子等离子体。对于物质的这种存在方式，我们的理论和实验验证都还不够充分。宇宙在这个时代的参数如图7-4所示。

7.2.2　原子核诞生时代

当质子和中子诞生之后，我们就可以采用被实验充分验证过的量子力学对演化过程进行严格计算，比如计算出质子和中子如何形成氢和氦原子核。这个演化过程故而称为原子核诞生时代，它就是著名的最初3分钟。宇宙在这个时代的参数如图7-5所示。

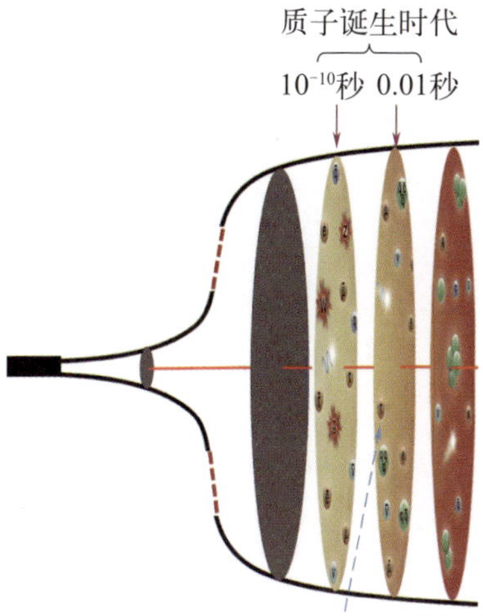

图7-4 质子诞生时代

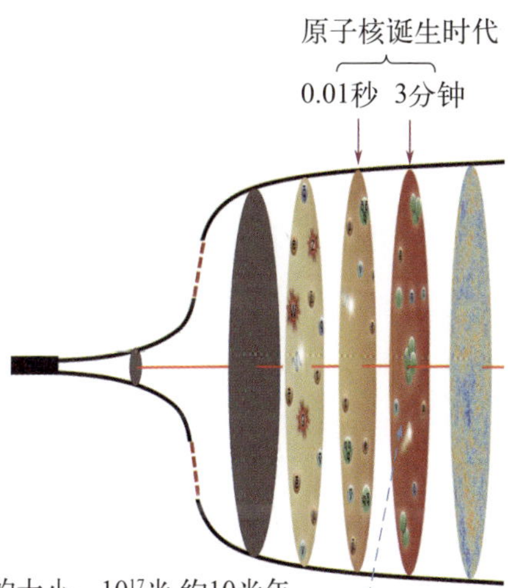

图7-5 原子核诞生时代——著名的最初3分钟

7.2.3 原子诞生时代

由于电磁力比核力（即强相互作用）弱很多，宇宙需要冷却很长时间（约38万年）才能冷却到足够低的温度，也就是让原子核和电子的速度减慢到足够低，从而让电磁力能够将原子核和电子束缚在一起，最终形成原子。所以，在这个漫长的冷却过程之后，原子就诞生了，相关参数如图7-6所示。

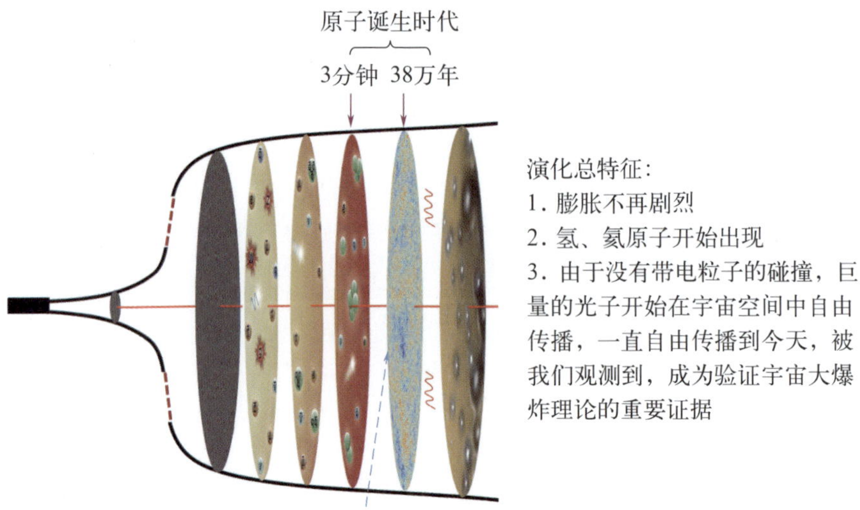

可观测部分的大小：约4200万光年，膨胀了约10^6倍

密度：10^{-20}克/厘米^3，与我们实验室里真空的密度相当

温度：3000摄氏度，比太阳表面的温度还要低

成分：1.第10万年起，中微子和光子失去统治地位

2.氢、氦原子以及暗物质开始统治宇宙

3.暗能量仍然少到忽略不计

图7-6　原子诞生时代

7.3 宇宙的童年——恒星起源时期

如果把宇宙138亿的历史类比成人的一生，那么前面这38万年的演化过程就相当于人出生之后的第一天。在这“第一天”之后，氢和氦元素已经出现。不过，它们在空间中分布的密度比我们实验室制造出的真空的密度还要低。密

度如此低的氢和氦聚集成恒星当然需要一个漫长的过程，漫长到需要耗费数亿年。

如果把充满星系的宇宙视为青壮年，那么氢和氦元素最开始聚集成恒星的过程可以看成宇宙的童年时期。该时期又分为两个时代：黑暗时代和再电离时代，如图7-7所示。

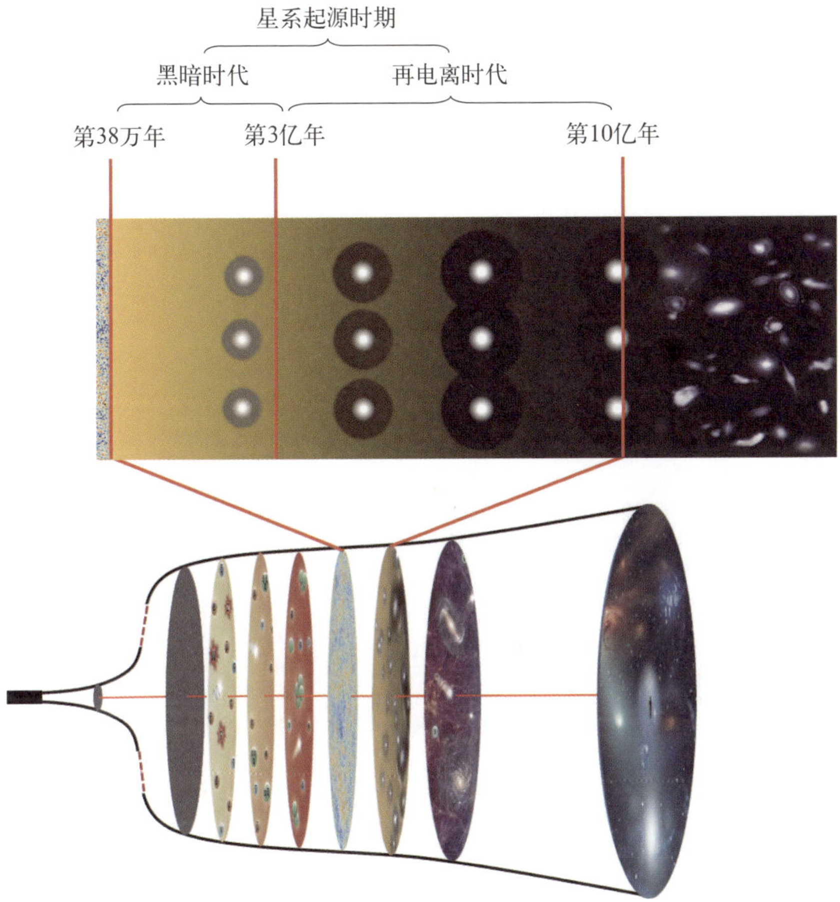

图7-7　恒星起源时期

7.3.1　黑暗时代

在第一批恒星诞生之前，宇宙中不存在任何发光体，当然也就没有光了。尽管之前通过正反物质湮灭产生的巨量光子仍然还在宇宙中传播着，但它们随着宇宙的不断膨胀而冷却成连肉眼都看不见的电磁波。那么，如果穿越回到那个时代，我们将会发现整个宇宙都是一片漆黑，所以，这个时期称为黑暗时代。

由于黑暗时代还没有发光体，这样就很难留下可以直接观测的信号，从而导致我们目前对黑暗时代的认识依然很匮乏，就连黑暗时代什么时候结束都不明确，只能估计大约在第3亿年结束。

但黑暗时代又非常重要，因为它能告诉我们第一批恒星到底是如何诞生的。氢和氦聚集成恒星的过程需要两个条件。第一个条件是物质的分布需要存在不均匀性，也就是有些区域的密度要比周围大一些。这样才能让第二个条件即引力起作用，具体来说，密度大的区域产生更强的引力，然后从周围吸收更多的物质，从而加剧物质分布的不均匀性。经过不断累积之后，这种不均匀性不断加剧，慢慢形成一团物质，最终诞生出第一批恒星。

那么，第一个条件如何产生呢？第16.4节将会谈到，第一个条件所需的不均匀性正好来自暴胀时的量子涨落所产生的不均匀性。也就是说，宇宙起源过程所产生的这些不均匀性会一直保留到黑暗时代，从而成为星系形成的“种子”，如图7-8所示。

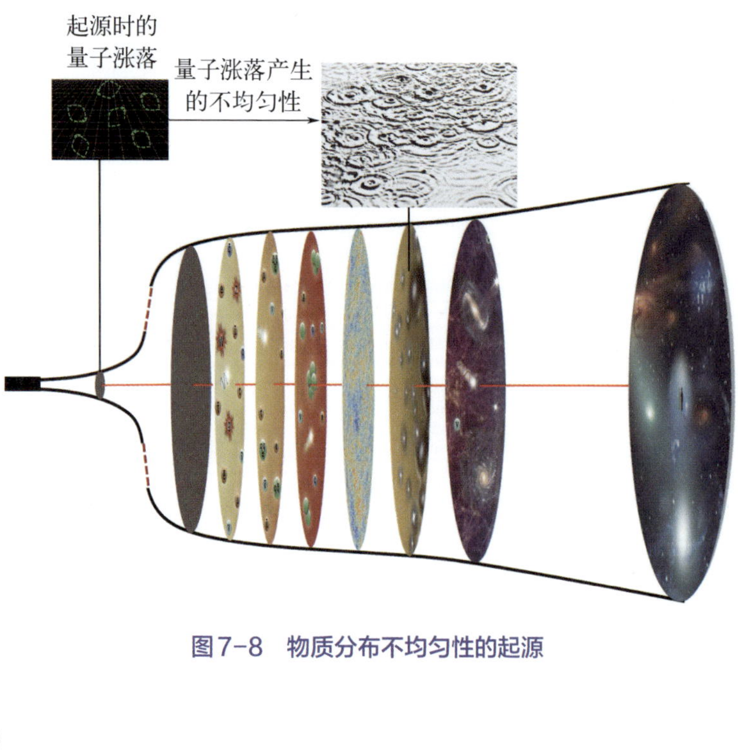

图7-8　物质分布不均匀性的起源

那么，第二个条件能否得到满足呢？如果仅仅依靠氢和氦元素产生的引力，那么这个聚集过程需要耗费上百亿年，因为氢和氦原子产生的引力实在太小了，也就是第二个条件无法得到充分满足。另外，宇宙空间在这期间又膨胀了100倍，从而使得物质聚集成团的难度更大了。

好在暗物质在这个时候开始发挥作用了。到了黑暗时代，暗物质所占的比例已经大于氢和氦元素，那么它们就可以产生出更大的引力来聚集物质，从而让第一批恒星的诞生过程从原本的上百亿年缩短为几亿年，如图7-9所示。当然，这个结果反过来也成为暗物质存在的一条证据，第10章将会谈到这一点。

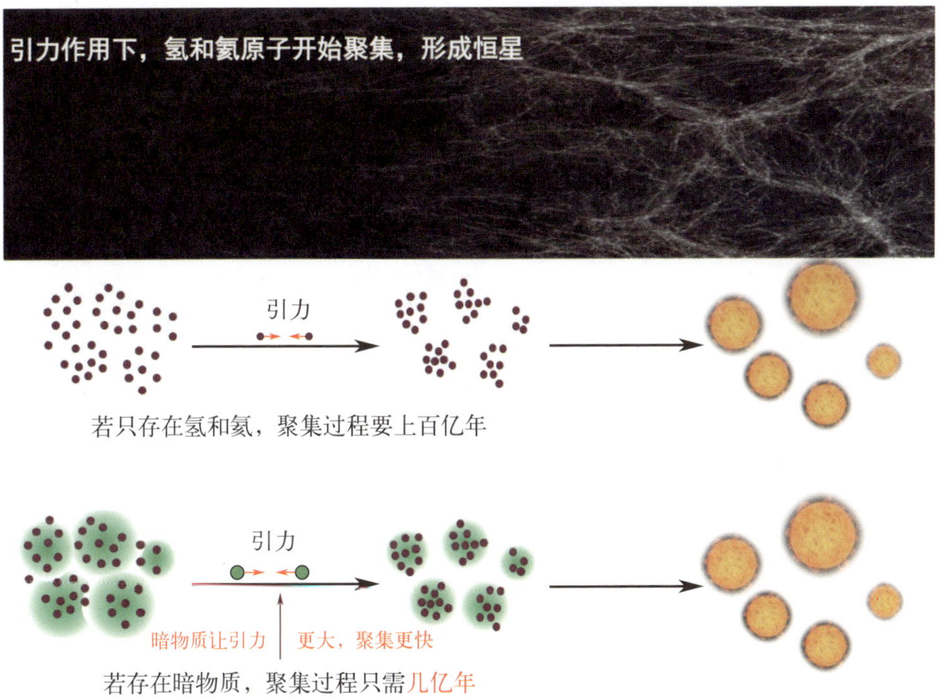

图7-9　在暗物质强大引力帮助下，第一批恒星才能在几亿年内快速形成

就这样，第一批恒星大约在第3亿至第6亿年的期间诞生了，它们的质量都很巨大，发出的光能量都很高。这些能量很高的光子会把恒星周围的氢和氦原子撞碎，让原子核和电子重新处于分离的状态。这种分离的状态称为电离状态，于是，宇宙随即进入了再电离时代。

7.3.2 再电离时代

我们目前对再电离时代的了解同样很匮乏，只能估计它大约从第3亿年开始，到第10亿年结束，如图7-10所示。

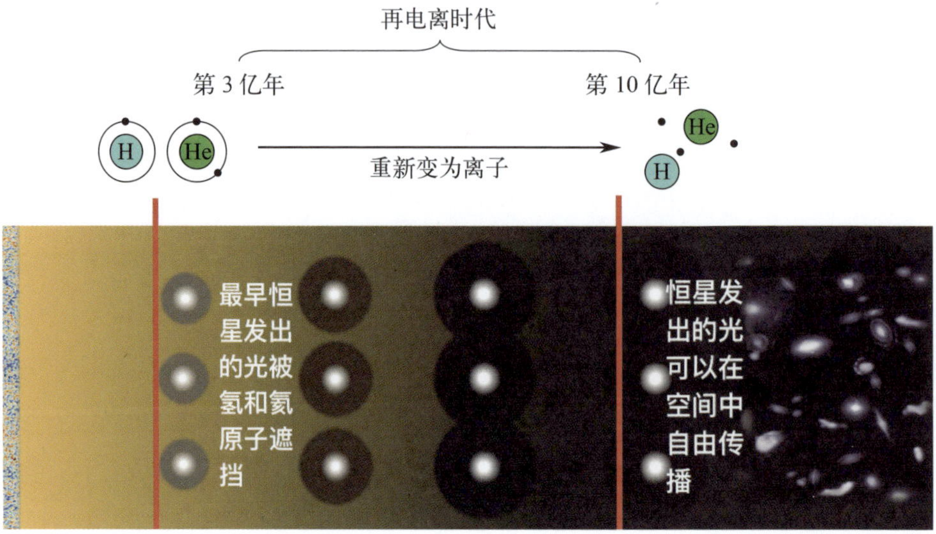

图7-10 再电离时代，氢原子和氦原子重新变回原子核和电子

当再电离时代结束时，宇宙中飘散着的氢原子和氦原子中的一部分又重新变为原子核和电子，那它们就不能继续吸收恒星发出的光，也就是无法继续遮挡恒星发出的光。另外，宇宙空间在再电离时代大约又膨胀了1倍，那么，宇宙中飘散着的氢原子和氦原子将会变得更加稀薄，从而导致恒星发出的光会传播更远距离之后才会被飘散着的氢原子和氦原子吸收，即被遮挡住。

这样一来，当再电离时代结束之后，恒星发出来的光就不再受到周围物质的遮挡，可以在宇宙中一直传播下去，直到有一天被我们的望远镜看到。这反过来也意味着望远镜能够看到的最远星体就是再电离时代刚结束时的星体。

实际上，第一批恒星在诞生之后很快就死亡了。当然，之后又有越来越多的恒星诞生，然后又死亡。就在恒星诞生后死亡、死亡后又诞生的重复过程中，宇宙进入到更加漫长的星系演化时期。

7.4 宇宙的青年——星系演化时期

恒星质量越大，其寿命就越短，而最开始诞生的恒星的质量都极大，故而它们的寿命都很短，有些甚至短到只有几十万年。也就是说，最开始诞生的那些恒星燃烧得极其迅速，很快就以极其剧烈的爆炸方式结束了自己的一生，进入下一个生命轮回。

元素周期表中除氢和氦元素之外的其他元素正是在恒星燃烧和爆炸过程中形成的。当燃烧完的恒星以剧烈的爆炸方式结束自己生命时，这些其他元素就会被爆炸抛撒在宇宙空间中。这些被抛撒在宇宙空间中的各种元素又会重新开始聚集，形成一颗新恒星，开始一轮新的生命周期。就这样，随着一代又一代恒星的诞生和死亡，除氢和氦以外的其他元素也都陆续诞生了。

不过，经过这样一代又一代的生死轮回，再次形成的恒星不再像起初那样巨大，数量也开始变多。大约在第60亿年的时候，恒星的诞生达到高峰，其中的大多数恒星一直存活到今天。到了第90亿年的时候，一个非常特殊的恒星诞生了，它就是我们的太阳。

天文学家根据恒星诞生的早晚，将恒星分为了三族。第三族恒星诞生最早，它们就是第一批诞生的恒星，所以第三族恒星上只存在氢和氦元素。第二族恒星诞生相对晚一些，在这个时候，第一批恒星燃烧产生的重元素已经被抛撒在宇宙空间中，这使得第二族恒星除了氢和氦元素之外，还包含少量的重元素。第一族恒星诞生得更晚，这意味着之前死亡的恒星更多，从而被抛撒到宇宙空间中的重元素就更多，使得第一族恒星包含更多的重元素。所以，在第一族恒星周围找到行星的概率是最大的，因为在第一族恒星周围才有足够多的重元素来形成行星。

7.5 宇宙的中年——加速膨胀时期

大约到了第75亿年的时候，组成宇宙的各种成分所占比例发生了根本转变。在第75亿年之前，星系物质和暗物质主宰着宇宙，然而，从第75亿年开始，主宰宇宙的权力发生了交接，暗能量成为了新的主宰，它让宇宙的膨胀速度重新进入加速阶段。这个加速阶段让宇宙空间在之后60多亿年里膨胀为原来的1.7倍，如图7-11所示。

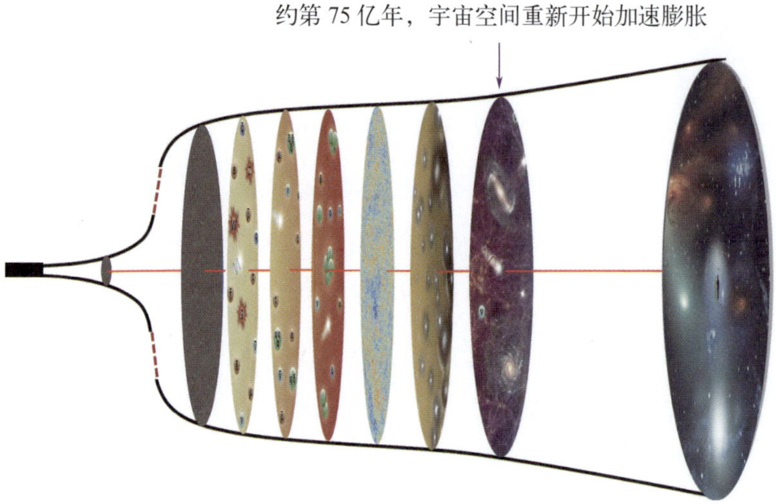

图7-11　宇宙的加速膨胀时期

而且，暗能量的主宰权力在未来还会变得越来越大，无法阻挡。在今天，暗能量的主宰权力就已经超过了70%。

宇宙的加速膨胀对星系的形成过程当然是不利的，因为物质之间的距离开始变得越来越大，那么重新聚集起来的难度也就越来越大，即恒星形成的难度在不断增加，恒星的更新换代速度也就减慢了。这就像一个人到了中年之后，新陈代谢开始慢慢减弱一样。这样持续下去，宇宙的未来将会很凄凉。

第 8 章 宇宙的六种模样

星云看上去像一团云，但其密度却是极其低的，比我们实验室制造出的真空密度都低。

一提到宇宙，大家脑海里浮现的画面基本都是满天的星星，或者是银河系，再或者是无数星系在空中飘移，但是，宇宙的真实模样远比这些画面丰富多彩。在过去半个世纪，得益于现代望远镜的巨大功劳，宇宙更多的模样开始展现在我们面前。比如说，在几十亿光年的尺度上，宇宙将呈现出所谓的“长城”和空洞的结构，而且，这些“长城”和空洞还会编织出一种独特的“纹路”。再比如说，我们已经有很大把握说出我们这个宇宙的整体模样，如果把我们这个宇宙等比例地缩小为西湖那么大，那么我们熟悉的星系、星系团类似湖面上的小波纹，我们的宇宙从整体上看起来是非常均匀的。

所以，到今天为止，我们基本搞清楚了宇宙在各个尺度上的模样，它们总共可以分为六层，如图8-1所示。

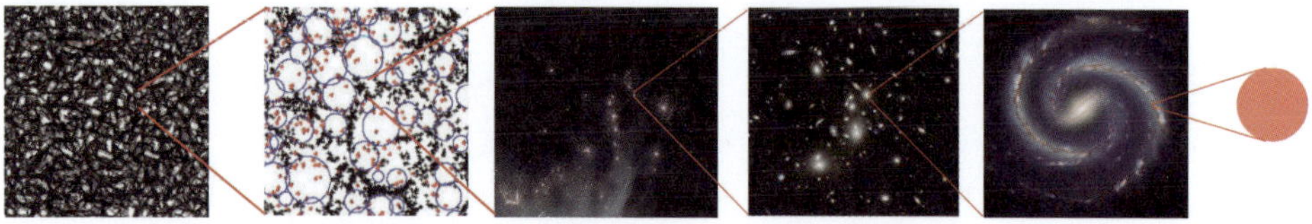

图8-1 宇宙在六个不同层次上的模样

8.1 曾经熟悉的模样

8.1.1 第一层模样——恒星

第一层的模样就是满天的繁星。这是我们唯一能够用眼睛直观感受到的模样。不同的恒星位于不同的方位，很久之前，古人就已经开始注意到恒星的这些方位了，比如古埃及人、古巴比伦人已经开始采用星座来表示这些方位，而中国古代则采用星官、星宿来表示这些方位。

古巴比伦人有黄道十二宫，而古代中国有二十八星宿。即使在今天，它们的名字依然出现在我们日常用语中，比如我们会常常听到“青龙、白虎、玄武、朱雀”这些词，它们实际是统领二十八星宿的四种神兽，每种神兽各统领七个星宿。

然而，在很长历史时期里，对于恒星的观测，人类能做的工作也只是记录它们的方位、亮度和颜色。古人一直找不到测量恒星距离的方法，这几乎导致每个古文明都误以为所有恒星的距离都是一样的，从而进一步误以为所有恒星都镶嵌在同一个天球上。

直到200年之前，我们才找到了测量恒星距离的有效方法，从而第一次颠覆了人类对整个天空的认识，宇宙的实际模样与我们的直观感受或想象恰恰相反。每颗恒星的距离原来存在如此巨大的差异，有的恒星离我们很近，比如最近的比邻星距离我们大约4光年，而有的恒星离我们很遥远，远在几百光年之外。从此开始，宇宙向我们呈现出另外一种模样，在太阳周围10光年的范围内，宇宙所呈现的模样如图8-2所示。

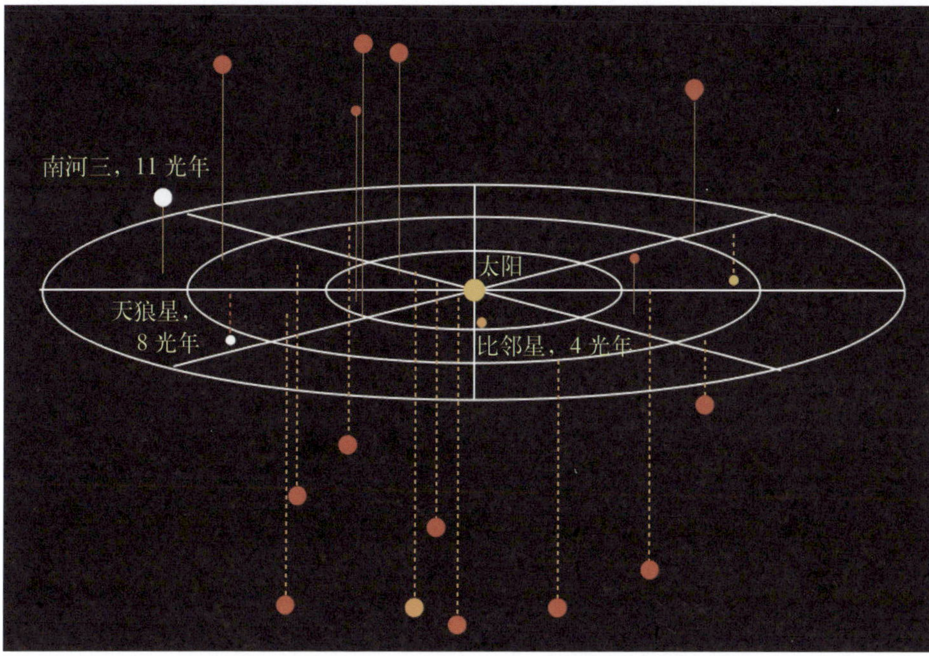

图8-2　在10光年尺度上，太阳周围恒星的分布模样

另外，恒星分布的密度更是颠覆了我们以往的认知。当面对密密麻麻的满天繁星时，我们原本以为恒星的分布是非常密集拥挤的，但实际情况却恰恰相反，即使在星团中，恒星分布的实际密度也只相当于地球上各大洲只有一个人时的人口密度。我们的宇宙实际上无比空旷，并没有看上去那么拥挤，绝大多数恒星都是孤零零地飘散在无尽的空间中。比如说，我们的太阳要在遥远的4光年距离之外才有一个邻居。想象一下，如果整个亚洲只有你一个人居住，而你唯一的邻居却居住在遥远的美洲，这样的孤单恐怕没有人能够承受。所以，如果把你丢到宇宙深处，你只能感受到无尽的黑暗和无穷的孤单。

当然，这些无尽的黑暗并不代表什么都没有，氢和氦元素以极其低的密度分布在这些无比空旷的区域。有些区域的氢和氦元素的密度相对高一些，这会让它们在积累数十个光年厚度之后看上去像一团云，图8-3就是最近拍摄到的船底座大星云（距地球约7600光年）。虽然星云看上去像一团云，但其密度却极其低，比我们实验室制造出的真空密度都低。这再次提醒我们：宇宙的实际模样可能与我们的直观感受或想象恰恰相反，宇宙的真实场景是无比空旷的。

图8-3 船底座大星云

[图片来自NASA（美国国家航空航天局）]

8.1.2 第二层模样——星系

宇宙第二层模样就是星系。在大小尺度上，星系与恒星之间的比例相当于大楼与分子之间的比例，但在分布密度上，星系中恒星的密度却要远远低于大楼中分子的密度。

当古人抬头仰望星空的时候，他们会认为满天的繁星就是整个宇宙，但实际上，这些繁星局限在银河系一个很小的范围内。另外，肉眼可见的恒星数量大约只有6000颗，而银河系就包含上千亿颗的恒星，宇宙的可观测部分又包含上千亿个星系。

除了恒星，我们的肉眼还能看见少数星云，比如著名的麦哲伦星云和仙女座大星云。但是，随着望远镜的不断升级，到了20世纪20年代，当哈勃将威尔逊山天文台的大型望远镜再次对准仙女座大星云时，他却有了再一次颠覆人类宇宙观的重大发现：仙女座大星云原来不是一团星云，而是另外一个星系，如图8-4所示。这意味着银河系并不是宇宙中唯一的星系，从而终结了近一个世纪的争论——银河系到底是不是宇宙的全部?

图8-4　仙女座大星系肉眼看上去像星云，但实际是一个星系

就这样，从哈勃的这个伟大发现开始，宇宙的模样在大家印象中再次发生颠覆性的改变，一幅由无数个星系飘散在无尽空间中的图像开始成为宇宙在大家脑海中的模样。直到今天为止，这幅图像也是宇宙在大多数人脑海中的形象。

不过，与恒星的分布密度极其低不同，星系的分布密度并不低。星系与星系之间的分布密度相当于城市中大楼与大楼之间的分布密度。比如说，仙女座大星系距离银河系大约250万光年，这看上去是一个更遥远的距离，可是如果告诉你银河系和仙女座大星系本身的尺寸都已经超过了10万光年，那么我们就不会觉得这个距离遥远了。这就好像你的一个邻居到你的距离只有你房子宽度的25倍一样。

8.1.3　第三层模样——星系群、星系团

宇宙第三层模样就是星系群、星系团。当比较少的星系聚集时，这种聚集

就称为星系群，比如银河系与周围的星系就组成一个星系群。当星系聚集到几百上千时，这种聚集就称为星系团。离我们最近的星系团是6000万光年之外的室女座星系团。

星系团也不会感觉孤单，因为它也会感觉到邻居就在不远处，也就是说，星系团在宇宙空间中也是密集地分布着。在大小尺度和分布密度上，星系团、星系群与星系之间的关系类似于城市与大楼之间的关系。如果把一个星系类比成一座大楼，那么星系群中的星系分布就类似城镇中大楼的分布，而星系团中星系的分布则类似于城市中大楼的分布。

8.1.4 第四层模样——超星系团

在1亿光年的尺度上，不同的星系团还会聚集在一起形成超星系团。这会使得宇宙呈现出另外一种模样，比如在我们周围，室女座星系团、天炉座星系团、波江座星系团和其他星系群就组成了一个超星系团。这个超星系团就称为室女座超星系团。

超星系团也不会感觉孤单。在大小尺度和分布密度上，超星系团与星系团之间的关系类似于城市圈与城市之间的关系。如果将室女座超星系团类比成长三角城市群，那么天炉座星系团就相当于杭州，波江座星系团就相当于宁波，室女座星系团就相当于上海，银河系所在的本星系群只相当于嘉兴市郊区的一个小镇，而银河系就相当于这个小镇上的一栋大楼。

8.2 最新观测到的模样

8.2.1 第五层模样——“长城”和空洞

在多数人印象中，超星系团就是宇宙在最大尺度上的模样了，但是，在更大的尺度上，宇宙又展示出另外一种完全不同的模样。就像在各大城市群之间隔着崇山峻岭一样，各大超星系团之间也隔着巨大的空旷区域，这些空旷区域称为空洞。另外，就像很多城市群会连成一片形成城市带一样，比如长江经济带，超星系团也会连成一片形成一条带，这些连接带就称为“长城”。

所以，在10亿光年的尺度上，宇宙将呈现出另外一种结构——“长城”与空洞。这些空洞算得上是宇宙中真正的深渊，因为即使以光速进行飞行，我们也需要耗费数十亿年才能逃离这些深渊。不过，我们人类是幸运的，因为我们处于“长城”上。

宇宙如此大范围的超级结构并不是我们理论推导出来的，而是我们实际观测到的，比如图8-5就是我们实际观测到的“长城”和空洞。它们的分布轮廓在图中比较明显地呈现出来了。这种分布轮廓就称为宇宙的大尺度结构。

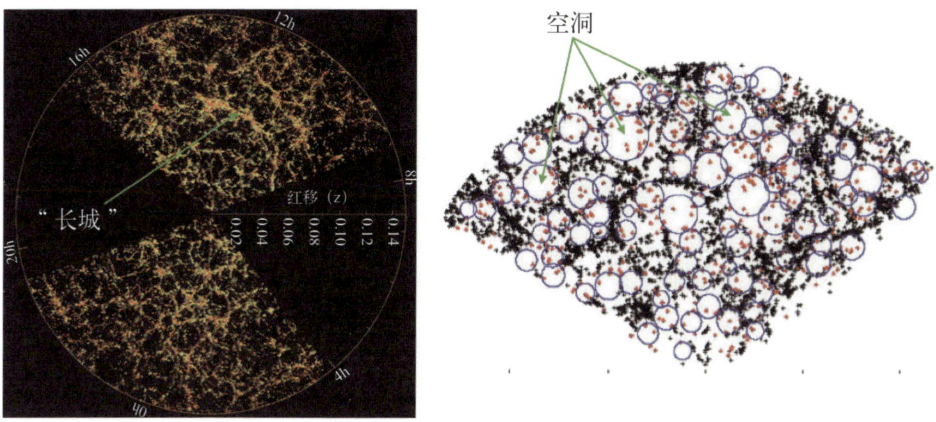

图8-5 “长城”和空洞的实际观测图，它们被称为宇宙的大尺度结构

从这些分布轮廓中，我们可以清晰看到有规律的纹路分布，比如它们非常类似于肥皂泡的结构，它们也非常类似于雨滴落在平静湖面上形成的波纹。

很显然，这些有规律的纹路分布必定蕴含着宇宙的巨大秘密。通过对它的解读，我们或许就能知道宇宙是如何起源和演化的。当然，宇宙学家正是这么做的，而且，短短数十年的研究就已经取得了非凡的成就。比如说，这些有规律的纹路分布可以告诉我们暗物质大约占25%，第10章将会详细说明我们是如何做到这一点的。另外，这些有规律的纹路分布还可以告诉我们宇宙最初是如何起源的，因为这些类似肥皂泡的结构正是来自宇宙诞生之初真空态的量子涨落，如图8-6所示，第3.4节谈到过这些量子涨落。

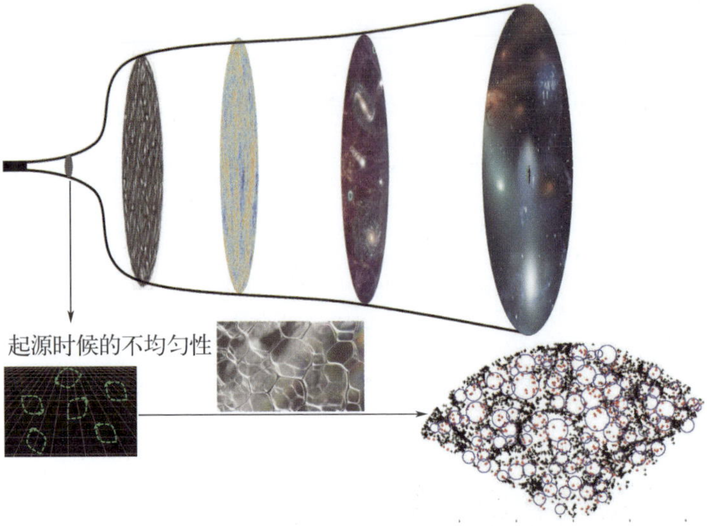

图8-6　肥皂泡结构来源于宇宙诞生过程留下的“种子”

8.2.2　第六层模样——像海面一样均匀分布

在超过10亿光年的尺度上，宇宙又将呈现出另外一种模样，那就是不再呈现出某种结构，而是均匀分布的，如图8-7所示。这就好像我们从高空俯瞰大海时，即使再波涛汹涌的海面也会像镜面一样平静。这就是宇宙的全景模样，多数人对这种模样是陌生的。

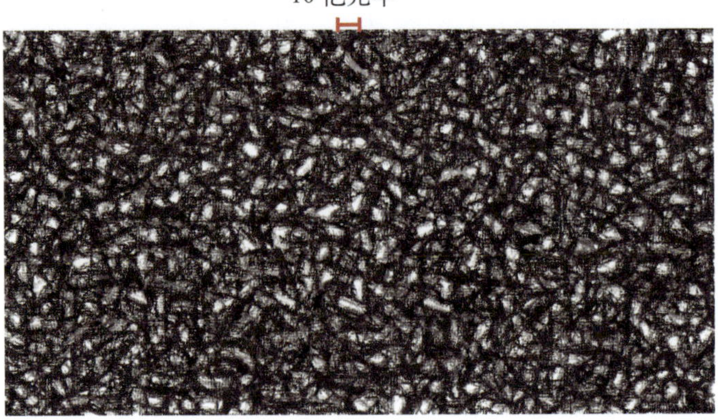

图8-7　在超过10亿光年的尺度上，宇宙可视为均匀分布

由于任何信号都无法超过光速，所以我们无法同时看到宇宙的全景，比如我们看到的太阳实际上只是8分钟之前的太阳，并不是此刻的太阳，我们看到的仙女座大星系更是250万年前的星系。尽管如此，我们仍然有足够信心说宇宙的全景是均匀分布的，因为我们给第38万岁的宇宙拍过一张“照片”，而这张照片显示宇宙的全景就是极其均匀的。第16章将详细谈到这张极其珍贵的照片，它就是宇宙微波背景辐射（CMB）。

宇宙在超过10亿光年尺度上可近似为均匀分布，这对于我们计算宇宙的演化过程至关重要。它成了现代宇宙学进行计算的前提条件之一，因为正是在采用这一假设之后，我们才能从爱因斯坦复杂的引力方程中求出简单的严格解，从而严格采用现代科学的方法对宇宙进行研究。早在1917年，爱因斯坦就开始这样做了，它标志着现代宇宙学的正式开启。

很难想象，如果宇宙不可以近似为均匀分布的，现代宇宙学还能发展到什么程度。或许我们又会像古人一样，面对夜空，只能通过想象力来理解宇宙了。所以，我们必须感谢宇宙在超过10亿光年尺度上正好是近似均匀分布的，从而给了我们机会去理解它。

当然，我们也会好奇宇宙为什么正好是可以近似为均匀分布的。要知道，这不是一个平凡且轻松的选择，而是一种非常刻意的选择。宇宙的“设计者”为什么要这样刻意地设计？幸运的是，我们对此已经找到了一个不错的答案，第12章将会详细谈到这一点。

第 9 章
我们来自哪里——恒星的中心

经过恒星的不断诞生、燃烧、死亡，元素周期表中其他元素慢慢产生了。

我们来自哪里？这个问题有不同层次的回答，比如在这样一个层次上问“组成我们身体的这些元素来自哪里”？答案就是“它们来自恒星燃烧之后的灰烬”。早期宇宙只产生了氢元素和氦元素，其他元素都是在恒星诞生之后才开始形成的。

9.1 宇宙生机的能量之源

自古以来，恒星为什么会持续不断地发光一直是令人困惑的难题。到了20世纪30年代，我们才搞清楚恒星发光的机制，那就是在恒星中心一块很小区域内，无比剧烈的核聚变反应不断地释放出巨大热量。

这些巨大热量从中心区域不断地往外冒，在恒星表面产生类似沸腾的现象，如图9-1所示。这些热量以热辐射的形式对外发出光，就像一块烧红的铁会发出红光一样。正是这些光给这个黑暗的宇宙带来了一丝丝生机。

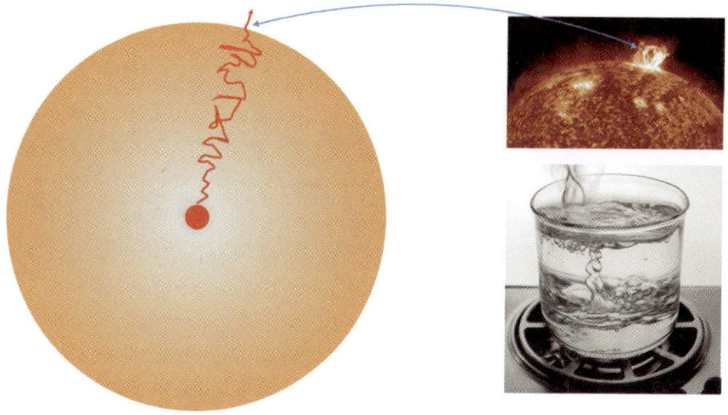

图9-1　恒星中心剧烈的核燃烧

恒星中心的这个“核燃烧”过程不仅为我们带来了光，还赋予了我们丰富的原材料，比如构成我们身体的原材料——碳、氧、氮等元素都是在这个中心燃烧出来的。

这些毫无生气的元素竟然能组装出不断思考宇宙起源的我们，这是宇宙孕育出的另一个不可思议的果实。尽管我们仍然很难相信这一果实的产生是必然的，仍然没有完全搞清楚这一果实是如何结出来的，但我们却可以轻易地对其过程进行回溯。人类学家只会追溯到大猩猩，生物学家只会追溯到单细胞生物，而宇宙学家可以追溯到恒星的中心。在那里，氢元素首先会燃烧成氦元素，然后，氦元素会燃烧成更重的元素，直到燃烧成铁元素为止，如图9-2所示。

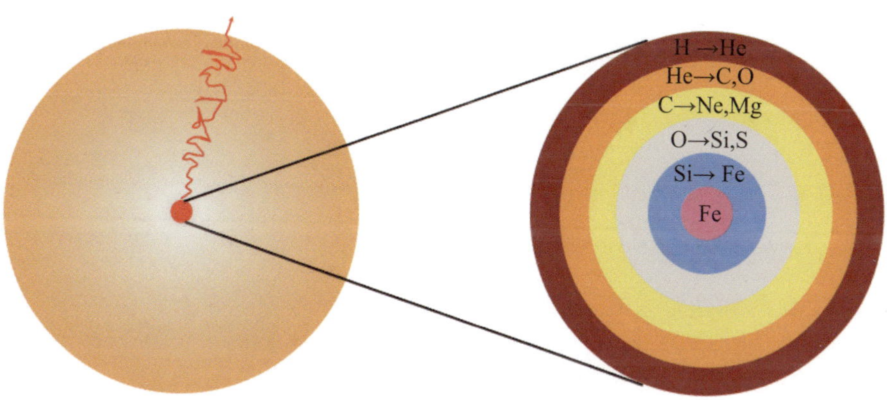

图9-2　除氢和氦之外，其他元素主要在核燃烧过程中产生

那么，这些元素如何从恒星中心跑出来，最后变成我们身体的一部分呢？

这个问题与恒星燃烧完之后的命运密切相关。恒星将会以极其绚丽的方式结束自己的生命，同时将自己辛苦燃烧出来的这些丰富元素无私地撒向宇宙，奉献给我们。

9.2 最绚丽的告别

恒星中心最初都是氢元素在核聚变燃烧，这个燃烧过程相当于小火，此时的恒星相当于处在青年时期。

和每个人类似，青年时期是最美好的岁月，而青年之后就将迎来身体发福的中老年。恒星的中老年也难逃这样的命运，在这个时候，恒星中心的氦元素的核聚变燃烧也被点燃了，这相当于从“小火”转变成了“大火”。恒星中心的这个大火会让恒星外层的氢和氦元素完全“沸腾”，从而让恒星的体积急剧膨胀，变成一个大胖子。此时的恒星已经成为一颗红巨星，它就是恒星的中老年时期。

慢慢地，这颗中老年恒星将失去包裹住中心大火的能力，最终只能无奈地看着自己消散成一片巨大的星云，而恒星中心燃烧后的“残渣”则会形成一颗白矮星，如图9-3所示。此时的恒星已经宣告死亡，结束了自己的一生。

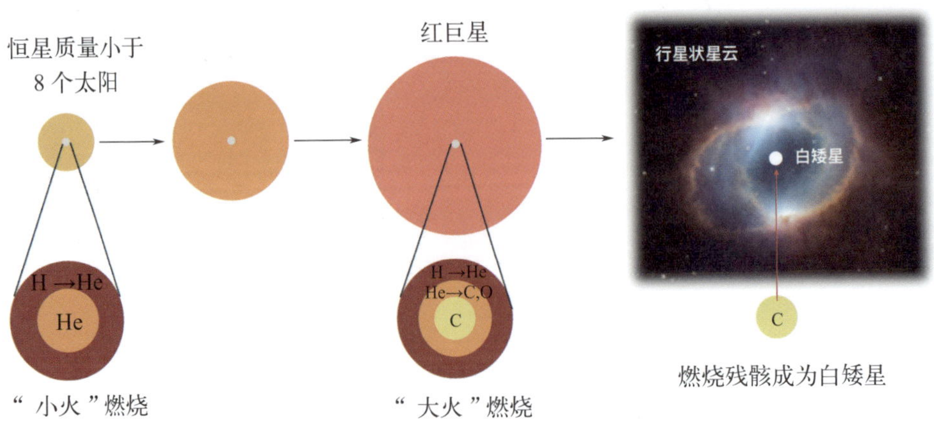

图9-3 恒星的一种生命历程

当恒星质量小于8个太阳时，其就会以这种方式死亡。太阳的命运就是这样。到时候，就连我们的地球都将被太阳“发福的身体”吞没。

当恒星质量大于8个太阳时，恒星能产生更强大的引力，这让已经处于中老年阶段的恒星仍然有足够的能力束缚住自己的身体，不至于被中心的大火烧到烟消云散。但是，这种阻挡只会让恒星中心不断加大火力，让核燃烧一直燃烧下去，直到烧出铁元素为止。这一系列燃烧过程最终会在恒星中心形成一个铁元素内核，如图9-4所示。

这个内核将承受整个恒星由引力产生的巨大压力。当这个压力超过一定极限时，整个铁元素内核就会被“压塌”，在一瞬间朝中心点急剧塌缩。这是继宇宙起源之后最剧烈的反应过程之一，因为恒星的巨大压力将带来最极致的压缩。

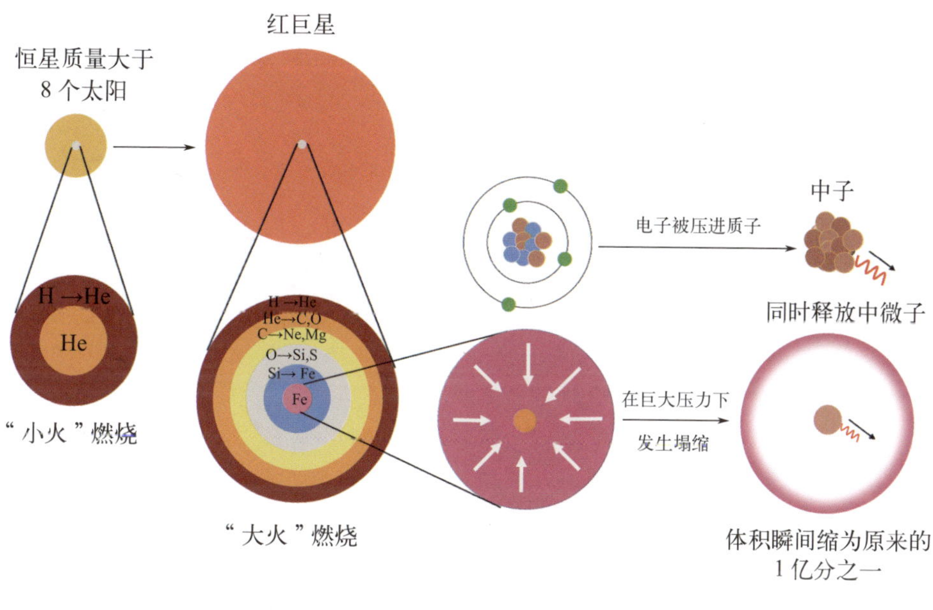

图9-4 整个恒星对中心点产生了巨大压力，中心铁核被压塌

在日常生活中，我们能想到的压缩过程通常只是把物体内部的空隙压缩掉，但不管怎么压缩，物体中原子之间的空隙仍然是存在的。然而，恒星对中心内核的压缩不仅会把原子之间的空隙压缩掉，而且还会把原子内部的空隙压缩掉。

在原子中，电子与原子核之间原本是存在巨大空隙的，比如在一个铁原子中，电子与原子核所占体积大约只有整个原子体积的一亿分之一。当压力超过一定极限时，强大的压力就会把电子“压缩”到质子里面去，从而让质子和电子“合并”成中子，同时释放出中微子。这样一来，原本属于电子与原子核之间的空隙就被全部压缩掉了，从而导致铁原子的体积在一瞬间就收缩成原有体积的一亿分之一。这种收缩就导致铁元素内核在一瞬间朝中心点急剧塌缩。

这个瞬间塌缩过程将释放出难以想象的巨大能量，这股巨大能量又会随着中微子的辐射“反弹”回去，就像一个篮球从某高度掉到地面会反弹回去一样，如图9-5所示。不同的是，在这个塌缩过程中，掉下来的对象是质子和电子，反弹回去的对象却是中微子。篮球反弹的高度最多只能达到掉落之前的高度，但如果篮球在反弹时变成一个乒乓球，那么这个乒乓球将会以更大速度反弹回去，反弹的高度将远大于篮球掉落之前的高度。同样地，反弹回去的中微子也将以极大速度向周围飞驰出去，形成一股巨大的反弹能量。

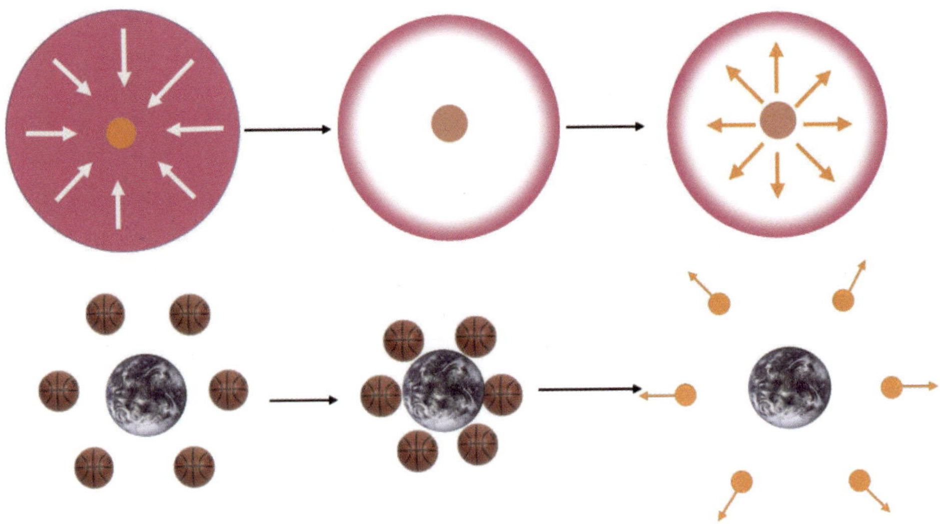

图9-5 塌缩产生的巨大能量随着中微子的辐射反弹回去

中微子的这股巨大反弹能量将会把整个恒星炸得粉碎，产生宇宙中最为绚丽的爆炸奇观，它就是超新星爆炸，如图9-6所示。当然，此时的恒星也已经宣告死亡，结束了自己的一生。而爆炸之前巨大压力“压缩”出来的那些中子将会形成一颗中子星。当这颗中子星的质量足够大时，它就会形成一个黑洞。

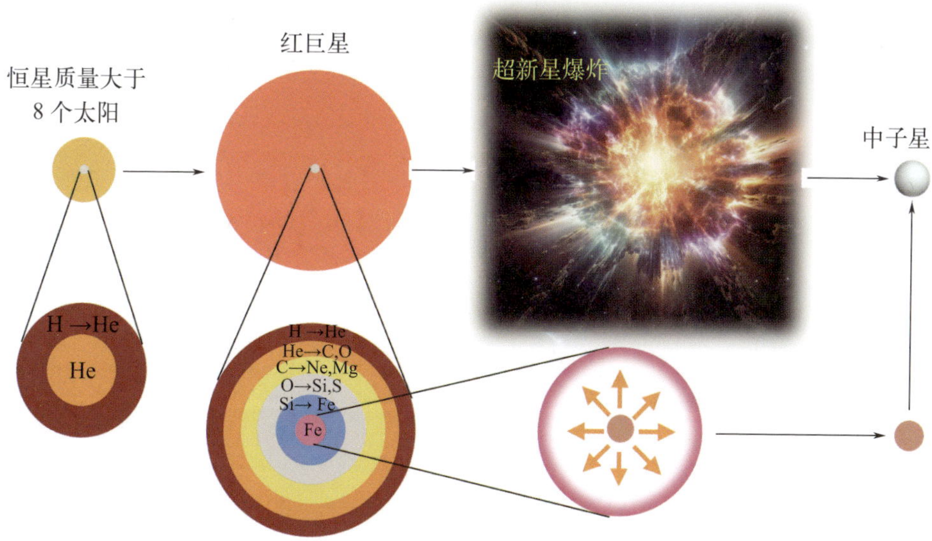

图9-6　恒星的另外一种生命历程

超新星爆炸时的亮度可以抵得上一个星系的亮度，这个巨大亮度让我们可以观测到更遥远的超新星。另外，同一种类型的超新星的亮度是完全相同的。这两个独特性质让天文学家发明出可以精确测量上百亿光年距离的方法，从而让我们可以在更大范围内对宇宙进行精确测量。第11章将会谈到，正是这个精确测量让我们发现宇宙空间正在加速膨胀。

超新星的爆炸过程还会产生更重的元素，同时将之前在恒星中心燃烧出的其他元素抛撒到宇宙空间。这样一来，这些原本只处于恒星中心的元素被炸得满宇宙都是，它们将成为下一代恒星诞生的原材料，也是行星诞生的原材料，最终成为组成我们身体的原材料。

9.3 我们将去往何处

宇宙早期形成的恒星的质量都很大。恒星的质量越大，生命反而越短，所以，在太阳诞生之前，不知道有多少代恒星已经诞生过了。随着这些恒星的不断诞生、燃烧、死亡，元素周期表中其他元素也就慢慢产生了。大约在46亿年前，在这些爆炸死亡产生的废墟上，有一颗特别的恒星形成了，它就是太阳。而我们身体里的碳氧等元素就是来自这些恒星燃烧后留下的“残渣”。

落红不是无情物，化作春泥更护花。我们老早就意识到这个世界存在某种无尽的循环反复，认为这个不断变化的世界背后必定存在某种不变的东西。在古代，这种不变的东西被我们视为尘土。当一个人走到生命终点之后，我们常常说他重新化为尘土，回归自然。然而，恒星的一生让我们看到，总有一天，我们这个世界上的尘土也会消失，最终化为元素，重新飘散在无尽的黑暗空间中。“这一天”就是太阳走到生命终点的“那一日”。或许又要再等上几十亿年，组成我们身体的这些元素才会重新恢复成尘土，但可能性更大的结局是，它们永远都不会再恢复成尘土了，更别提恢复成我们的身体，然后还能再去思考宇宙的起源了。

将时间跨度从我们的一生拉到宇宙的一生那么长时，我们很多无比坚信的固有知识早已失效。比如说，我们认为这个世界总是存在无尽的循环反复，很多失去的东西终将得到恢复。然而，在宇宙的这一生中，很多东西一旦失去，就不会再来。对于宇宙的未来，我们还没有确切的答案，无法做出可信的预言，因为我们这个宇宙还存在很多谜题等待我们去解答。下一篇章就来谈论这些谜题。

中篇

还有什么不知道
——编织缺少的拼图

当我们将广义相对论从太阳系推广到整个宇宙之后，我们构建的理论体系却存在一些逻辑空缺。为了弥补这些空缺，宇宙学家们编织了两块拼图——暗物质和暗能量。另外，早期版本的宇宙大爆炸理论也存在理论缺陷，为了弥补这个缺陷，宇宙学家们还编织出了另一块拼图——暴胀过程。

第10章 暗物质——困扰我们一百年的难题

有一件事情不用怀疑，那就是我们的理论与观测存在偏离。

早在1917年，爱因斯坦就已经将广义相对论从太阳系推广到整个宇宙。和牛顿当初对引力的推广一样，爱因斯坦的这个推广也只能完全依靠纯粹理性思维中的归纳推理来完成。这种推广是否可靠？我们也只能依赖实际观测来判断。

可是，现有的观测结果却让我们陷入了两难的困局。一方面，一部分观测结果与广义相对论的计算结果保持一致，比如第16章将会谈到的那些证据；另一方面，一些观测结果与广义相对论的计算结果并没有保持一致，比如星系的旋转速度和宇宙空间的加速膨胀。

面对这种不一致的局面，当今宇宙学家的态度与古代天文学家的态度是完全相同的，那就是先对这些观测现象进行“拯救”，就像古希腊人对行星的逆行现象进行拯救一样。行星逆行现象的拯救方案后来汇集成托勒密的宇宙模型，而今天的宇宙学家们提出的拯救方案就是暗物质模型和暗能量模型。

本章先来说明五个需要被拯救的观测现象，以及暗物质模型是如何拯救这些观测现象的。下一章再来说明另外一个需要拯救的观测现象，以及暗能量模型又是如何拯救这个观测现象的。反过来，这些需要被拯救的现象就成为了暗物质和暗能量存在的证据。

10.1 暗物质存在的五个证据

10.1.1 暗物质存在的第一个证据

第一个需要被拯救的现象就是星系的旋转速度。早在20世纪30年代，人们就已经发现了这个现象。

根据牛顿的万有引力理论或广义相对论的计算结果，星系旋转的速度与星系质量大小相关。星系质量越大，星系旋转就越快。这样一来，我们就可以根据星系物质的多少计算出星系的旋转速度。

但出乎意料的是，我们实际观测到的旋转速度比计算出的旋转速度更快。为了拯救这个“异常”现象，宇宙学家们假设：在星系周围，除了看得见的星系物质之外，还分布着看不见的物质，正是这些看不见的物质让星系旋转速度变得更快。这些看不见的物质就称为暗物质，如图10-1中绿色部分所示。

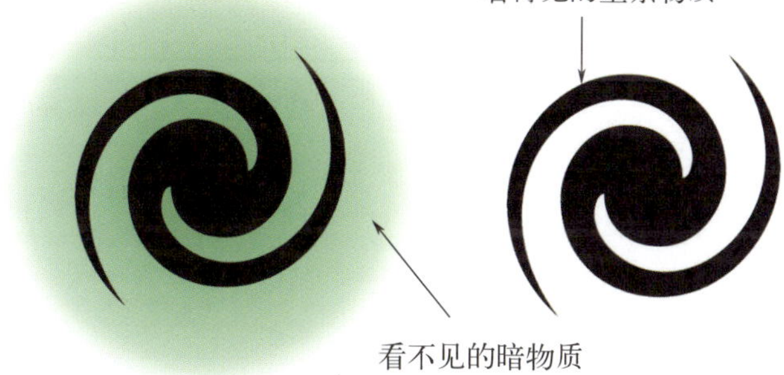

图10-1 星系的实际旋转速度（左边）比计算出的旋转速度（右边）要快

10.1.2 暗物质存在的第二个证据

第二个需要被拯救的现象就是图10-2中的蓝色条纹。具体来说，根据广义相对论，一个星系会让周围的时空产生弯曲。那么，当光线从这个星系旁边经过时，光线就会发生弯曲。光线弯曲之后也会产生类似放大镜的视觉效果。这种视觉效果称为引力透镜，如图10-2上图所示。

根据广义相对论的计算，质量越大的星系会让旁边经过的光线弯曲得越剧烈。这样一来，如果只存在我们所看见的星系物质，那么星系所导致的"放大镜"视觉效果应该是小一点，如图10-2右图所示。但实际观测到的现象却是图10-2左图更剧烈的视觉效果。

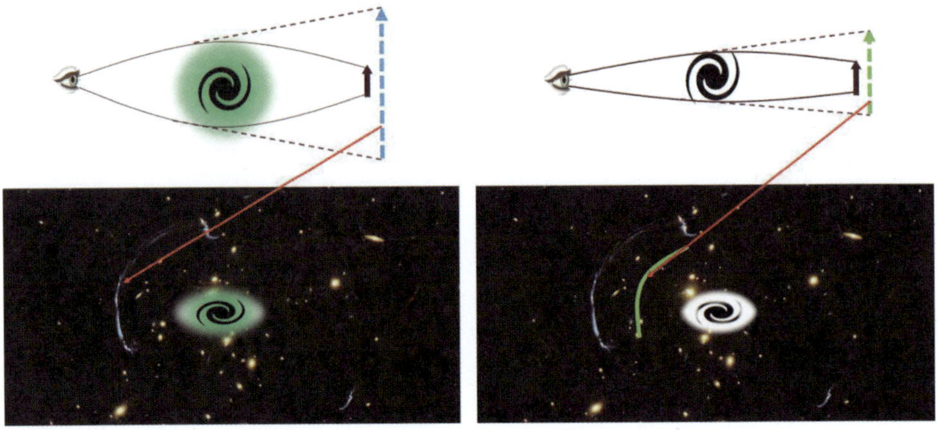

图10-2　如果不存在暗物质，我们应该看到右边的绿色条纹，但实际观测到的却是左边的蓝色条纹

为了拯救这个"异常"现象，宇宙学家们假设：在星系周围，除了看得见的星系物质之外，还分布着看不见的物质，如图10-2左图绿色部分所示。正是这些看不见的物质让光线弯曲得更剧烈，从而让我们实际观测到的条纹是蓝色条纹。

10.1.3 暗物质存在的第三个证据

图10-3是两个星系团碰撞所导致的现象，它被视为暗物质存在的直接证据，具体说明如下。

星系团周围分布着大量星际气体，它们由图10-3中红色区域代表。当两个星系团碰撞之后，这些星际气体与星系物质将发生分离，即图10-3中的红色区域与星系物质分离开了。

由于星际气体的总质量远大于星系团中星系物质的总质量，那么，在碰撞之后，大部分质量应该集中在红色区域。可是，实际观测结果却是大部分质量仍然集中在图10-3中蓝色点附近。这个观测结果出乎大家的意料，因为如果只存在我们看得见的这些物质，那么大部分质量不应该聚集在蓝色点附近，而是聚集在红色区域。

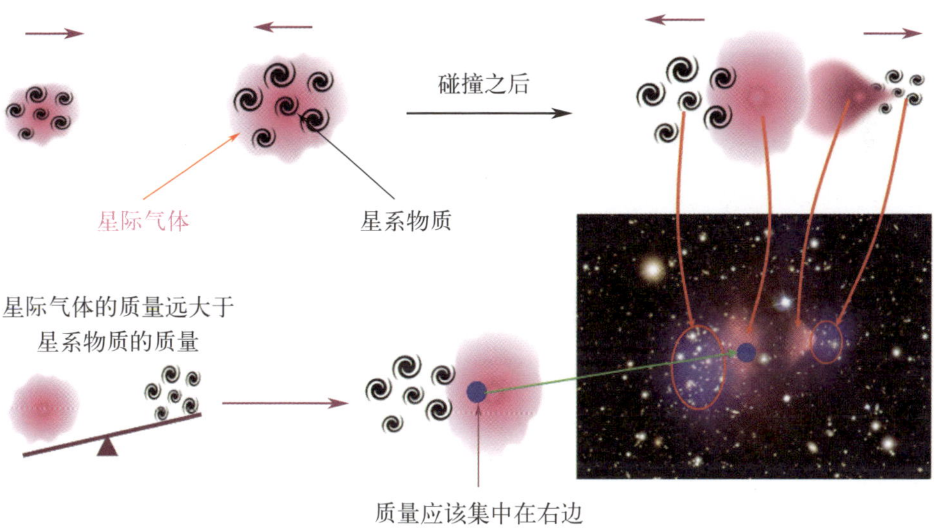

图10-3　星系的碰撞过程让星际气体与星系物质发生了分离

为了拯救这个“异常”现象，宇宙学家们假设：在星系团周围还分布着看不见的物质，而且它们的质量远大于星系物质的质量，如图10-4中绿色部分所示。这些不可见的物质就称为暗物质。另外，我们还要求这些暗物质不参与电磁相互作用，因为这样一来，在碰撞过程中，这些暗物质才不会像星际气体那样被撞分离，而是仍然与星系物质待在一起，如图10-4所示。

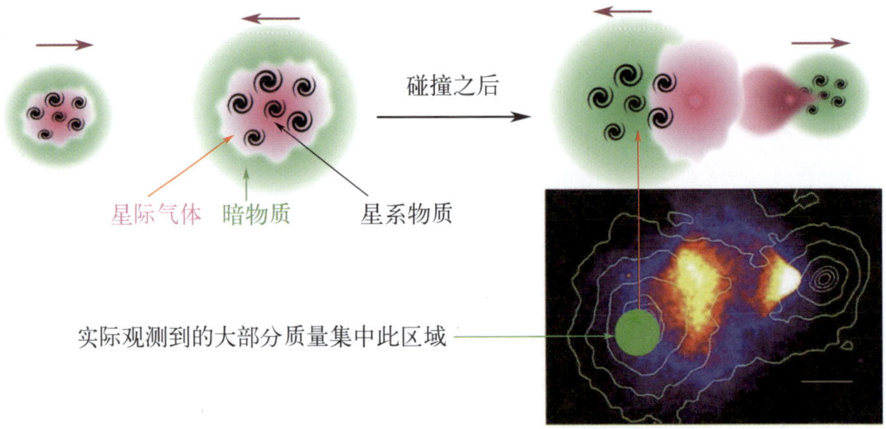

图10-4　暗物质的存在正好可以解释观测到的结论

暗物质的假设非常容易地修复了这个“异常”现象，因为由于暗物质的存在，碰撞之后的大部分质量仍然集中在星系团的中心，如图10-4中绿色点所示，从而与实际观测又保持一致了。

10.1.4　暗物质存在的第四个证据

第6章谈到过，宇宙在演化过程中经历过一个黑暗时代，也就是恒星还没有诞生之前的时代。在这个黑暗时代，宇宙在更早阶段产生的氢和氦元素开始不断聚集，最后形成恒星。

氢和氦元素的这个聚集过程是由物质之间的引力作用导致的。如果只存在氢和氦元素，那么它们之间的引力非常弱，以至于氢和氦元素需要花费上百亿年才能聚集成恒星（见图7-9）。而我们的宇宙也才只有138亿年。所以，如果宇宙中只存在氢和氦元素，我们的宇宙根本来不及演化成今天这个样子。

解决此矛盾最简单的拯救方案也是假设宇宙中还分布着一种看不见的物

质。正是这些看不见的物质加大了引力的强度，从而加速了物质的聚集过程，使得第一批恒星在短短数亿年之后就得以形成。所以，如果没有暗物质的存在，我们这个宇宙根本不会演化出我们人类。

10.1.5　暗物质存在的第五个证据

第5章谈到过，在超过10亿光年的尺度上，宇宙中物质的分布是均匀的。根据广义相对论，这些均匀分布物质的密度与宇宙空间（注意：不是时空，只是空间）的弯曲形状直接相关。具体来说，如果宇宙中只存在我们所看见的这些物质，那么它们会导致宇宙空间产生如图10-5右下方所示的弯曲。

但我们实际测量结果却是：宇宙的空间几乎没有发生弯曲，如图10-5右上方所示。这就意味着宇宙的实际密度将远大于可见物质的密度。根据广义相对论的严格计算，这些可见物质只占5%，另外95%的部分则是不可见的。

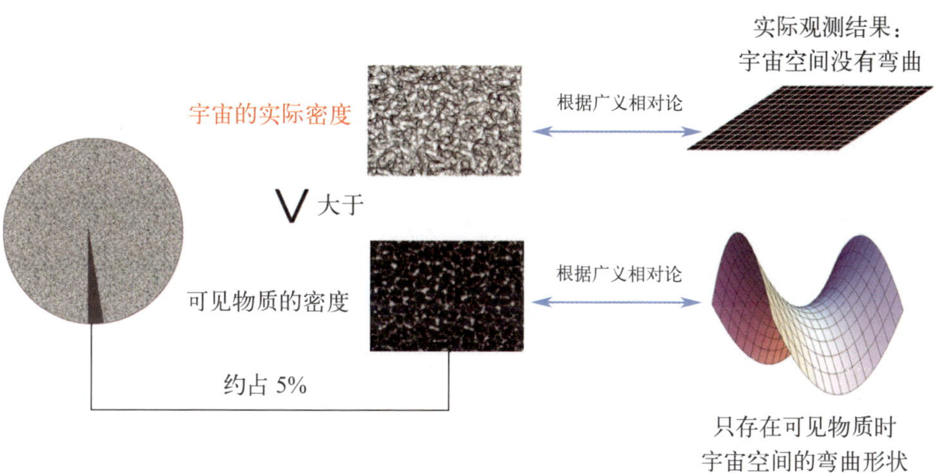

图10-5　如果只存在可见物质，那么宇宙空间将弯曲

修复这种不一致的最简单拯救方案也是假设在整个宇宙中，除了可见的这些物质之外，还分布着大量看不见的物质和能量。这些不可见的物质和能量分别称为暗物质和暗能量，其中暗物质占25%，暗能量占70%。

10.2 如何知道暗物质有多少

既然我们无法直接看见这些暗物质，那么，宇宙学家又如何知道它们占据25%呢？由于整个宇宙到处都分布着暗物质，我们当然无法通过直接的测量得到这个数据，只能采用理论推导出这个数据。

第3章谈到过，在暴胀时，由于量子涨落，能量密度的分布存在不均匀性。当物质起源之后，这些不均匀性会导致物质密度的分布也存在不均匀性。随着宇宙的演化，在引力的作用下，这种不均匀性会不断加强，而且会一直保留到今天。它们在第38万年的“样子”和在今天的“样子”都已经被我们精确地拍摄下来，分别称为宇宙微波背景辐射(CMB)和宇宙大尺度结构中的重子声速振荡(BAO)，如图10-6所示。

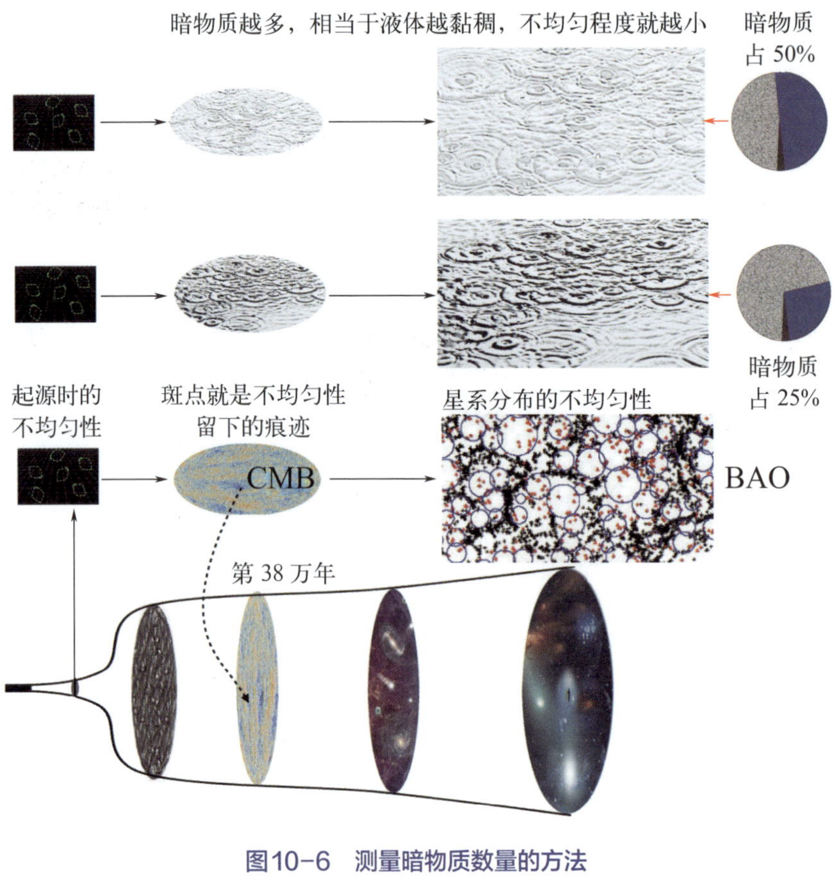

图10-6　测量暗物质数量的方法

暗物质占25%的这个数据正是根据这两幅照片计算出来的，这个计算过程的原理可以采用平静湖面上的波纹来类比。

物质分布的不均匀性就好像雨滴打在湖面所形成的波纹。暗物质越多就相当于湖水越稠密，那么，相同的雨滴打在湖面上形成的波纹就越弱。所以，我们可以根据这些波纹的实际强弱反过来计算湖水的稠密程度，即暗物质所占比例，如图10-6上方所示。

当然，这两幅照片（即CMB和BAO）并不是计算暗物质数量的唯一来源，另外一个重要来源是宇宙的膨胀速度。下一章将会谈到，推动宇宙膨胀的力量由宇宙中所有物质产生的吸引力和暗能量产生的排斥力共同提供，那么，只要将暗物质调节到一个合适的比例，它们共同推动宇宙膨胀的速度与观测速度就正好保持一致。而这样调节出的结果就是：可见物质只占5%，暗物质需占25%，暗能量占70%。

10.3　暗物质到底是什么

既然前面提到的五个现象都表明，我们的理论需要填补上暗物质这块“拼图”才能形成一个完整的推理体系，那么，这些暗物质真的存在吗？如果存在，它们到底是些什么物质呢？

首先，今天已知的基本粒子都已经被排除了。所以，如果暗物质真的存在，那么组成暗物质的粒子将是一种新粒子。其次，这种新粒子的质量将会非常大。最后，这种新粒子一定会参与引力相互作用，肯定不会参与强相互作用和电磁相互作用，是否参与弱相互作用还不确定。

尽管已经知道了这些信息，但经过了几十年的不断努力，我们仍然没有直接探测到任何暗物质粒子。这让一部分人开始怀疑暗物质是否真的存在，从而让另外一种修补方案流行起来了，那就是怀疑爱因斯坦当初将广义相对论从太阳系推广到整个宇宙是否可靠。也就是说，在远大于太阳系的尺度上，我们不能直接使用广义相对论，而是需要对它进行修改。

于是，在过去几十年，宇宙学家们也在不断尝试修改爱因斯坦的引力理论。但是，同样经过了几十年的不断努力，所有修改方案都没有取得成功。

总之，到底是存在暗物质呢，还是爱因斯坦的引力理论需要修改呢？我们还无法做出判断，或者这两种方案都没有迈上正确的道路。而且，需要强调的是，这两种方案都只是在原有的理论框架内“打补丁”，并没有对理论进行革命性的修改。几百年之后的人们看待当今宇宙学家所做的工作，就像今天的我们看待托勒密所做的工作一样。我们还需要跨越漫长的道路才能得到真正的答案。

但不管怎么样，有一件事情是不用怀疑的，那就是理论与观测已经出现了偏离。消除这些偏离就是当今时代的拯救现象运动，就像2000年前的古人为了消除柏拉图的宇宙理论与观测之间的偏离，对行星的逆行现象进行拯救一样（具体拯救行动可参考本书姊妹篇《解读宇宙——人类构建宇宙图像的历程》）。

不过，今天的宇宙学家的任务更加艰巨，因为除了需要拯救前面提到的这五个现象之外，还需要拯救另外一个更加重要的观测现象，那就是宇宙的整个空间都在加速膨胀。

第 11 章 暗能量——我们在等待下一个“牛顿”

我们需要更多耐心，先努力把当下拯救现象的这项工作做好，然后等待下一个“牛顿”的出现。

11.1 升级版的哈勃定律——宇宙正在加速膨胀

当哈勃在1929年看到周围星系正在远离我们的时候，他最多只能测量到几百万光年的距离。也就是说，哈勃当初只能对几百万光年范围内的宇宙空间的膨胀速度进行测量。相比于整个宇宙空间，几百万光年的范围实在是太小了。在这样小的范围内，我们无法精确测量出这个膨胀速度到底是加速还是减速。

所以，对于宇宙到底是加速膨胀还是减速膨胀的问题，我们一直没有定论。关于这一点，大家只要随便找一本20世纪八九十年代科普宇宙的书来看看就有深刻体会。直到1998年，这个问题才有了确切的答案。这要归功于一种测量距离的新方法。这种方法可以准确地测量到上百亿光年的距离。那么，在这么大的范围内，我们就能准确地测量出宇宙膨胀的速度到底是加速还是减速了。而测量结果大大出乎预料，那就是宇宙空间正在加速膨胀，而非之前预计的减速膨胀。这个重大发现很快就获得了2011年的诺贝尔奖，如图11-1所示。

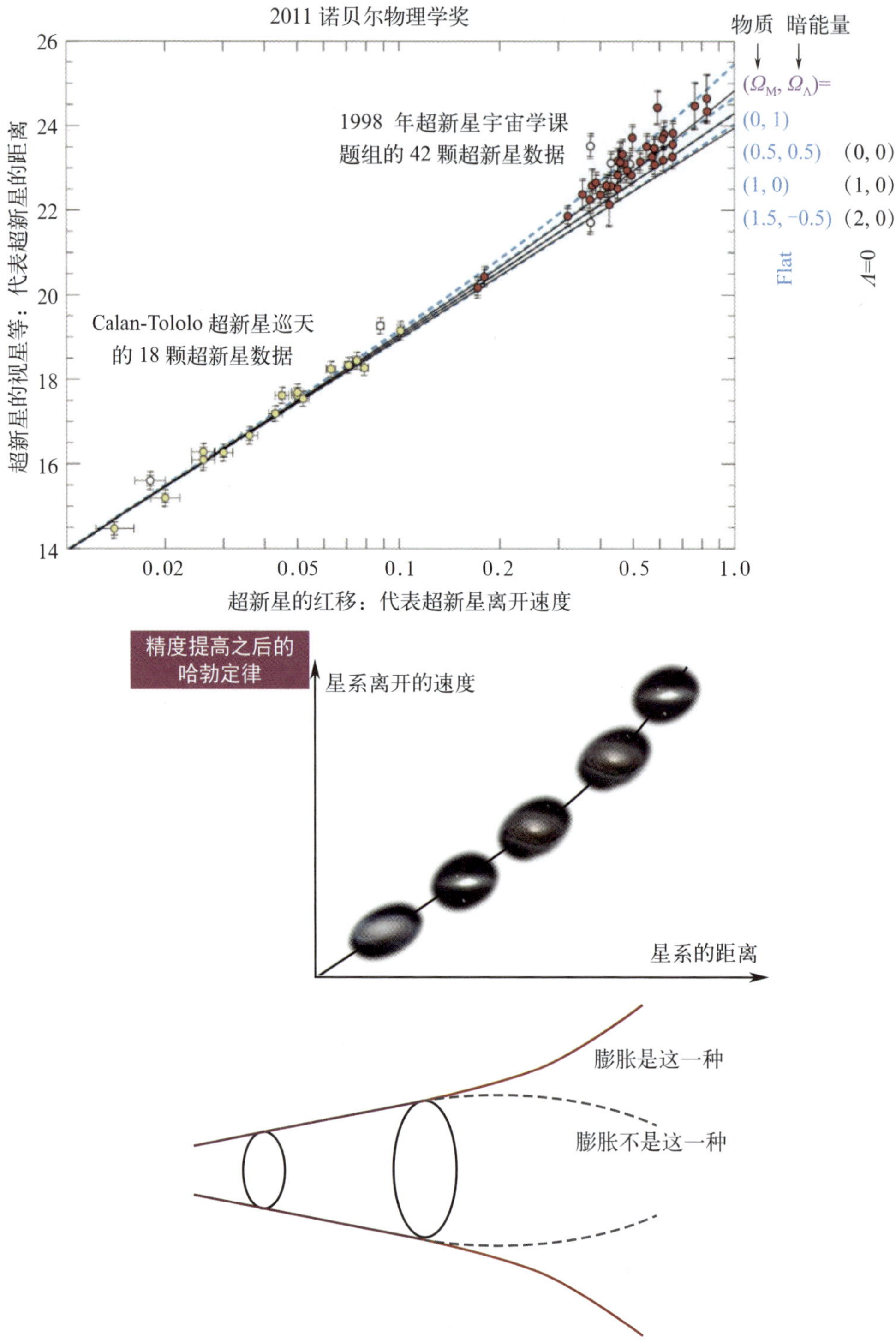

图11-1　精度提高之后的哈勃定律表明宇宙正在加速膨胀

11.2 为什么需要暗能量

宇宙空间正在加速膨胀——这个测量结果与我们的理论计算并不一致。具体来说，宇宙中所有星系物质和暗物质只会产生吸引力，这些吸引力只会导致宇宙空间减速膨胀，如图 11-2 下图所示。但实际观测结果却是宇宙空间在不断加速膨胀，这表明宇宙中存在着一种强大的排斥力，如图 11-2 上图所示。

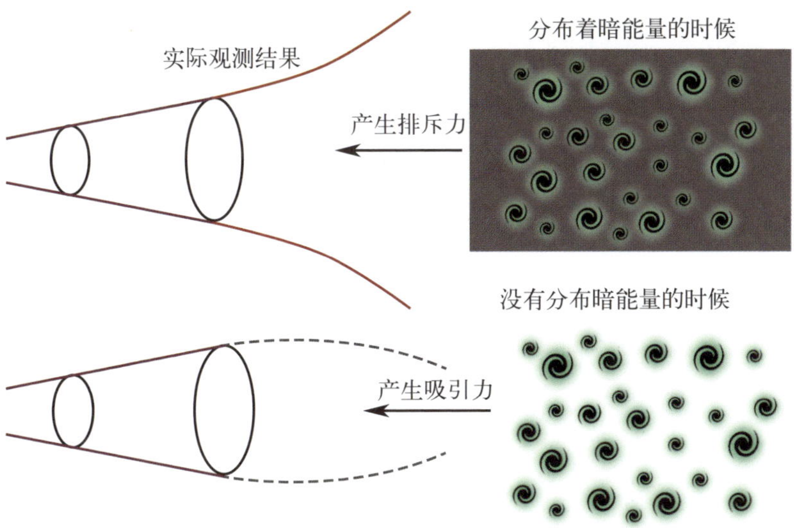

图 11-2　推动宇宙加速膨胀的排斥力量来自暗能量

这样一来，如何消除这个“不一致”就成为当今最重要的拯救现象运动。也就是说，为了拯救这个“不一致”，我们需要为这股强大的排斥力找到来源。这个来源就是我们理论体系缺失的一块“拼图”。当前最主流的拯救方案都认为：这块缺失的拼图就是暗能量。理由如下。

根据广义相对论，压强为负的物质就会产生排斥力。所以，为了让宇宙中充满着强大的排斥力，那么宇宙中就应该分布着一种压强为负的物质。但是，这种特殊的物质不能像星系物质和暗物质那样聚成一团，只能均匀地分布在空间中。所以，它们不能称为物质，只能视为一种特殊的能量形式。另外，这些特殊形式的能量还不发光，即是暗的。于是，将以上这些要求加在一起，我们编织出的这块“拼图”就称为暗能量，如图 11-2 上图所示。

总之，根据广义相对论，物质产生的吸引力和暗能量产生的排斥力的对抗结果决定了宇宙空间到底是加速膨胀还是减速膨胀。当暗能量产生的排斥力压倒物质产生的吸引力时，宇宙空间就开始加速膨胀。

当然，我们也可以采用其他方案来编织这块拼图，也就是为这股强大的排斥力寻求其他来源。其中一种方案就是修改爱因斯坦的引力方程，从而让宇宙中充满强大的排斥力。比如爱因斯坦在1917年对引力方程的修改就是这种拯救方案中的最著名例子，具体说明如下。

直到1917年，大家仍然认为宇宙处于既不膨胀也不收缩的稳定状态，即使像爱因斯坦这样的天才也无法摆脱这种传统观点的束缚。这就意味着宇宙需要一种排斥力去抵抗物质产生的吸引力，从而让宇宙处于既不膨胀也不收缩的稳定状态。为此，爱因斯坦在他的引力方程中增加了一项，并让这一项负责产生强大的排斥力，如图11-3所示。

为了让宇宙永恒不变，爱因斯坦修改了方程

1917年的引力场方程 $G^{\mu\nu}-\lambda g^{\mu\nu}=-\kappa T^{\mu\nu}$

1915年的引力场方程 $G^{\mu\nu}=-\kappa T^{\mu\nu}$

图11-3 爱因斯坦给引力场方程加入了一项，让它产生一种排斥力

可是，就在不久之后的1929年，哈勃的观测结果无情地证明爱因斯坦的这种观点是错误的。爱因斯坦后来称这是他一生之中最大的失误。

但是，谁也没有预料到的是，当我们在1998年发现宇宙空间加速膨胀之后，爱因斯坦当初增加的这一项所产生的强大排斥力正好可以解释宇宙的加速膨胀，如图11-4所示。这一项在今天称为宇宙学常数项。

但是，这种拯救方案并没有带来什么新意，因为很容易证明对引力方程的这种修改本质上等效于给宇宙加入一种暗能量。实际上，其他拯救宇宙加速膨胀的修改方案最终都等价于给宇宙加入一种暗能量。这就是今天的宇宙学家们一般都采用暗能量这个词，而不采用其他术语来解释宇宙加速膨胀的原因。在

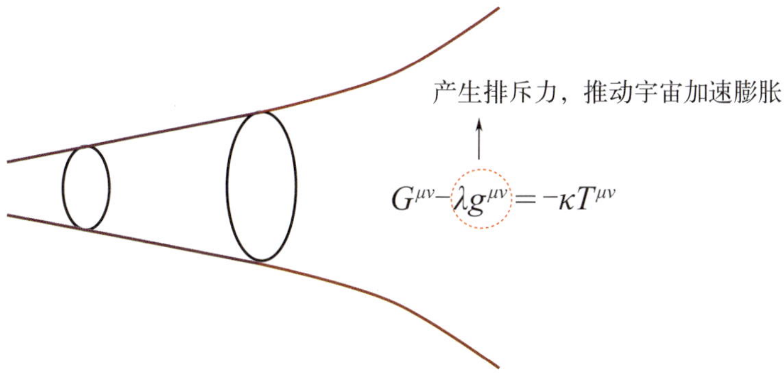

图11-4　爱因斯坦当初加入的一项所产生的排斥力推动宇宙加速膨胀

今天，当宇宙学家们在交流的时候，暗能量这个词和宇宙加速膨胀几乎代表同一个意思。

11.3　如何知道暗能量有多少

如果真的存在暗能量，那么暗能量有多少呢？同样，这个问题的答案是通过理论计算得到的，而非直接测量出来的。具体来说，当我们把暗能量调节到70%，暗物质调节到25%的时候，理论计算出的宇宙膨胀速度与观测数据吻合得最好，如图11-5所示。

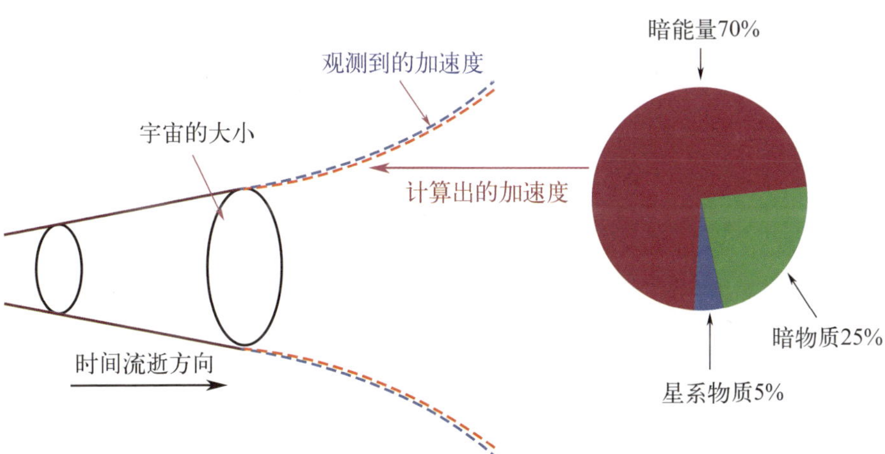

图11-5　通过宇宙膨胀的加速度反过来计算出暗能量的数量

不过需要注意的是，70%只是暗能量在今天所占的比例，它在过去所占的比例非常低，而在未来所占的比例将会越来越高。这是因为暗能量具有一种特殊性质，那就是暗能量的密度几乎保持不变，而不像可见物质和暗物质那样，密度会随着宇宙空间膨胀变得越来越低，如图11-6所示。

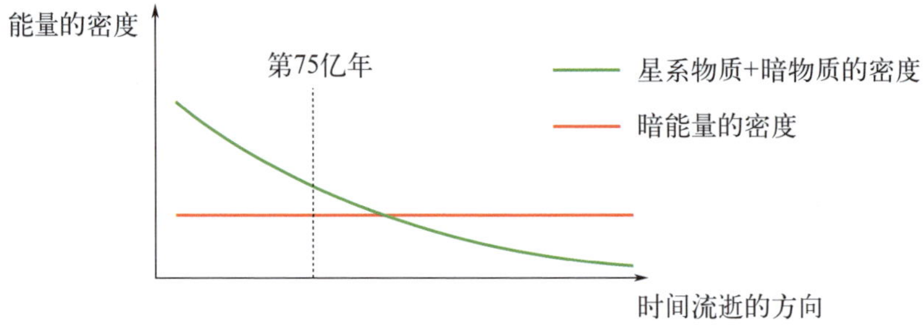

图11-6　暗能量的密度几乎保持不变

空间在不断膨胀，暗能量密度却保持不变，这意味着宇宙中暗能量的总量在不断增加。那么，这些不断增加的暗能量又来自哪里呢？答案是它们来自时空的弯曲。具体来说，宇宙空间的不断加速膨胀会导致时空进一步弯曲，而时空的进一步弯曲就会释放出巨大的能量[1]，这些巨大能量就转变成暗能量，从而维持暗能量的密度不变。

11.4　暗能量的困境

暗能量的密度保持不变，这个特殊性质当然会引发很多困境，比如所谓的巧合性难题。这是一个很容易想到的后果，具体说明如下。

随着宇宙空间的不断膨胀，暗物质和星系物质的密度会越来越低，但暗能量的密度却始终保持不变。那么，在过去，暗能量所占比例就非常小；在未来，暗能量所占比例却又非常高；而在今天，暗能量所占比例正好等于70%，如图11-7所示。

[1] 有关时空弯曲与能量释放之间的关系，详细说明可以参见《时空是怎样弯曲的：图解广义相对论》一书，相关计算可参见《破解引力：广义相对论的诞生之路》一书。

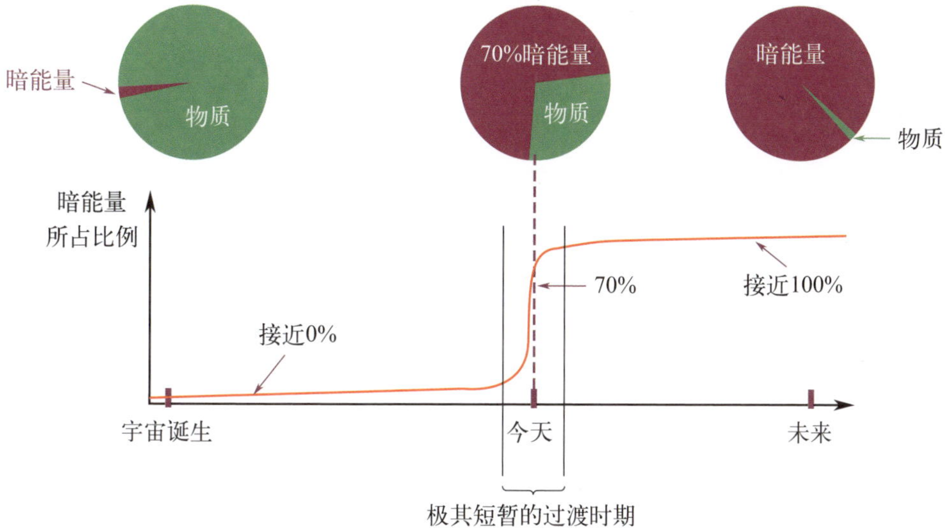

图11-7　在不同阶段，暗能量所占比例

也就是说，在宇宙的整个生命过程中，暗能量所占比例要么接近于0%，要么接近于100%。而且，从接近于0%到接近于100%的过渡时期极其短暂。

这样一来，如果暗能量的密度在宇宙诞生时产生一点点微小改变，即使微小到小数点后110位，它也会导致中间这段过渡时期延迟或提前很长一段时间，如图11-8所示。也就是说，只要暗能量的初始密度在小数点后第110位哪怕偏

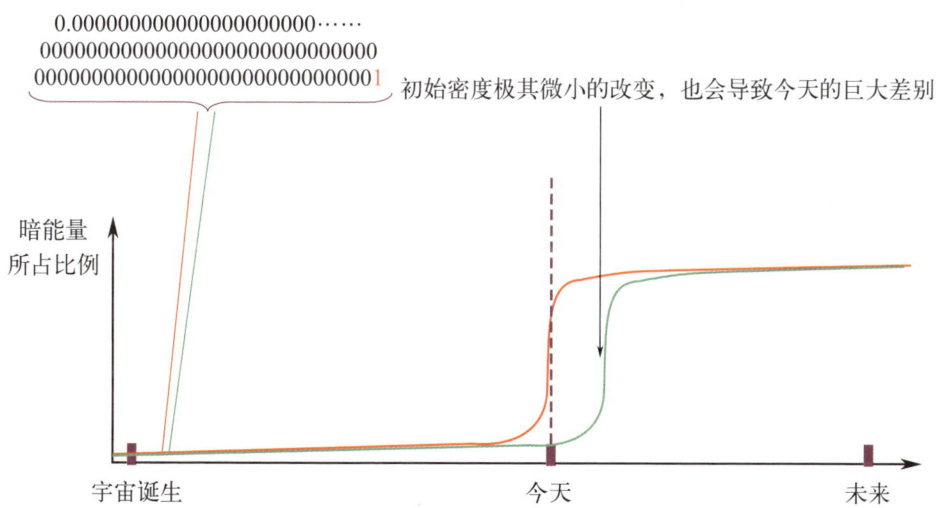

图11-8　暗能量面临的困境——所谓的巧合性难题

离一点，今天的宇宙就有可能是完全另外一种模样，比如宇宙不是加速膨胀，而是减速膨胀。而在这种情况下，我们人类极大可能无法演化出来。

所以，我们这个宇宙在今天正好处于这个短暂过渡时期的概率极其低，那么，为什么就这么巧呢？这就是所谓的巧合性难题。它是暗能量模型所面临的一大困境。这个困境也可以称为精细调节问题，因为我们的这个宇宙要求暗能量的初始密度具有一个极其精确的数值，即要求精确到小数点后110位。无法想象什么样的“设计者”正好可以达到这样的设计精度。

这个困境当然对暗能量理论的可信度带来了负面影响，可是，我们暂时也找不到比暗能量更好的理论来解释宇宙的加速膨胀，所以，暗能量仍然是当前宇宙学家们的主流理论。

为了缓解这个困境，我们很容易想出为之辩解的方案，比如多重宇宙理论和人择原理。这两种方案背后的原理在本质上相同，可以通过彩票中奖来直观说明。假如一种彩票总共有10^{110}个号码，即一个号码的中奖概率是$1/10^{110}$，这是一个极低的概率。如何才能保证一定中奖呢？方法很简单，那就是将这10^{110}个号码全部买下来，那么必然有一个号码会中奖。多重宇宙理论就是采用类似思路来克服暗能量的困境的，即假设存在10^{110}多个不同的宇宙，那么总有一个宇宙与我们的宇宙正好完全一样。如果我们去问这位中奖者：“你为什么如此幸运，正好中奖了呢？”这位中奖者也无法回答此问题，他只能说：“不管谁中奖，你都可以向他提出这个无法回答的问题。只是正好我中奖了，你的这个问题才会来到我这里。”人择原理就是采用类似思路来克服暗能量的困境。

这些解释方案当然无法让我们满意，因为它们并没有真正解决暗能量的这个困境，只是将困境从一个地方转移到另外一个地方了，比如这两种方案都要求我们相信存在着10^{110}多个与我们宇宙类似的宇宙。然而，在我们已有的认知里，10^{110}是一个不切实际的数字，要知道，在今天可观测的范围内，与银河系类似的星系大约只有10^{12}个，所有原子的数量也只有大约10^{78}个。也就是说，即使将每个原子放大成我们宇宙那么大，所得到的结果，相对于10^{110}个宇宙来说，仍然连沧海一粟都不到。所以，一方面，我们很难相信这个不可思议的结论；另外一方面，如果这个结论是真的，那么我们今天对宇宙所了解的一切就太不值得一提了，因为我们当前所相信的知识在其他宇宙中有可能是完全错误的，我们不得不更加承认人类认知能力的局限和无助。

或许，我们应该从更底层的角度去反思这个困境，不应该只是“头痛医头，脚痛医脚”。比如当前宇宙大爆炸理论仍然遵循着笛卡儿-牛顿的机械主义观点，也就是把整个宇宙视为机械钟表那样的机器。只要拧上发条（即给定暗能量的初始密度），它就会按部就班（即按照广义相对论的计算）地演化下去。只要这种机械主义观点还在被采用，初始值的精细调节问题就无法完全避免。另外，与其他物理理论一样，宇宙大爆炸理论也需要先将我们这个真实宇宙进行充分简化，直到简化成一个可以计算的数学模型为止。那么，在简化过程中丢弃掉的那些信息真的无关紧要吗？这是一个更深层次的问题，它已经涉及现代科学方法的有效边界在哪里的问题。本书的姊妹篇《解读宇宙——人类构建宇宙图像的历程》将详细谈论这个话题。

11.5 暗能量到底是什么

为什么会存在暗能量？更严格地说，宇宙空间为什么会加速膨胀？我们仍然还在不断探索中，每年都有上千篇学术论文发表出来，现在也已有几十种暗能量模型来解释这个现象。如果想要休会一下今天所取得的这些成就已经达到什么样的程度，我们可以采用一些熟悉的历史场景来做类比。

今天的我们对宇宙加速膨胀的迷惑程度，有点类似于古人对行星逆行的迷惑程度。今天提出的这些暗能量模型就类似于托勒密当初提出的宇宙模型，它们都可以通过调节模型中的各种参数来准确描述现象，让模型计算出的数据接近观测结果。也就是说，到目前为止，这些暗能量模型都只是在拯救现象，即拯救宇宙空间加速膨胀的现象，就像托勒密当初去拯救行星逆行运动的现象一样，这些暗能量模型并没有告诉我们宇宙空间加速膨胀背后的真正原因。

尽管其中一些暗能量模型是通过修改爱因斯坦的引力方程得到的，但是，这些修改仍然只是在拯救现象，并没有对爱因斯坦的理论进行革命，因为“时空和时空的弯曲”这些概念仍然被视为整个理论的根基。目前还没有一种暗能量模型可以完全抛弃这两个根基，这就好像19世纪的物理学家尝试通过修改牛顿的引力方程去拯救水星的进动，但仍然坚守着牛顿的绝对空间和三大定律一样。类似这样的修改只能暂时“缓解症状”，无法根治问题。

所以，这些暗能量模型还停留在回答“是什么”的问题上，即采用模型准确地计算出宇宙是如何加速膨胀的，就像通过托勒密的宇宙模型也能比较准确地计算出行星逆行轨迹一样。

至于“为什么”的问题，即宇宙空间为什么会加速膨胀的问题，当今宇宙学家对它的困惑，有点类似于古人对石头为什么会加速下落的迷惑。具体来说，根据亚里士多德的宇宙理论，大家原以为石头是匀速下落的，但后来人们却发现石头实际上是加速下落的。而在今天，大家原以为宇宙空间是永恒不变的或减速膨胀的，但后来人们却发现宇宙空间实际上却在加速膨胀，如图11-9所示。

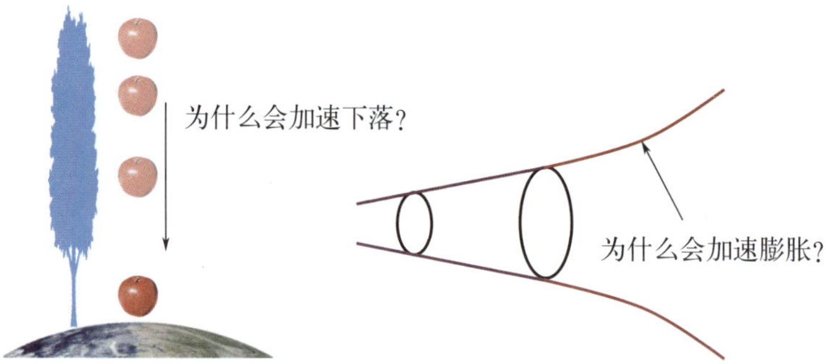

图11-9　古人的困惑与今天的困惑

在今后很长一段时期内，我们也许都无法解释宇宙空间为什么会加速膨胀，就正如从古希腊到中世纪都没有人能解释石头为什么会加速下落。古代人只是认为有一个神秘力量推动着石头，从而让它加速下落，就正如当今的我们也认为有一个神秘力量推动着宇宙加速膨胀一样。古代人给这个推动石头加速下落的神秘推动力量取了一个名字，叫gravitas，而今天的我们也给这个推动宇宙加速膨胀的神秘力量取了一个名字，叫暗能量。

有了名字之后，当人们再讨论石头为什么会加速下落的时候，大家都会说这是由gravitas导致的，就正如今天的我们讨论宇宙为什么会加速膨胀的时候，我们都会说这是由暗能量导致的。但是，没有一个古人能够成功解释这个gravitas到底是什么，就好像今天没有一个人能成功解释暗能量到底是什么一样。

石头为什么会加速下落的问题困扰了人类1000多年之后，才有一个叫牛顿的人第一次成功地解释了这个gravitas是什么，而且给它换了一个大家更熟悉的名字——gravity（万有引力）。同样的，暗能量这个词也在静静地等待着，等待下一个“牛顿”来告诉大家它到底是什么。或许，我们等来的是一台具有理性的机器，它会以另外一种完全不同的方式告诉我们答案。

从发现宇宙空间加速膨胀到今天，时间过了还不到30年。与上千年相比，30年仅仅是一个开头，漫长的岁月正等待我们去跨越。我们需要更多耐心，先努力把当下拯救现象的工作做好，然后耐心地等待下一个“牛顿”的出现。

第 12 章 宇宙起源的细节——现有理论已是强弩之末

将一个初始参数的精确度调节到小数点后60位以上，我们很难想象宇宙如何能够做到这一点。

12.1 凭什么说宇宙最初发生过剧烈膨胀

第3章谈到过，在时空诞生之后，宇宙空间在短短10^{-35}秒之内膨胀了10^{26}倍。这个无比剧烈壮观的膨胀过程已经完全超出我们的想象，那么，宇宙学家又是如何确信这样难以置信的过程真的发生过呢?

第2.3节谈到过，当两位美国科学家意外发现伽莫夫他们预言过的最古老的光之后，宇宙大爆炸理论就开始受到越来越多人的关注和研究。不过，经过仔细研究之后，大家很快就意识到早期版本的宇宙大爆炸理论存在一些矛盾和难题。正是在解决这些矛盾和难题的过程中，宇宙学家们发现这个无比剧烈壮观的膨胀过程必须存在。

12.1.1 矛盾

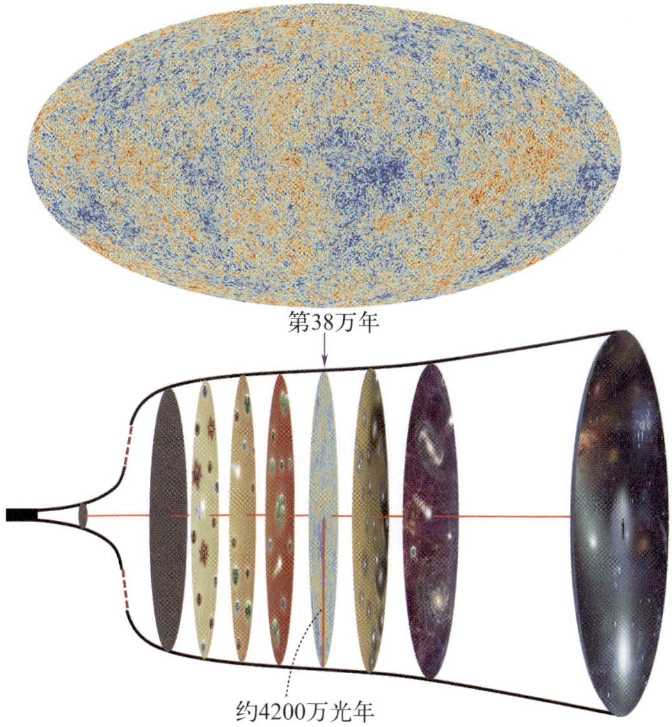

图12-1 今天可观测的宇宙部分在38万年时的大小

利用宇宙中最古老的光，我们对宇宙38万岁的样子拍摄了一张照片，即宇宙微波背景辐射的图像，如图12-1所示。根据宇宙膨胀速度往回推算可知，这张照片的尺寸在当时大约为4200万光年。另外，从这张照片可以看到，在第38万岁的时候，物质在这4200万光年范围内是均匀分布的，照片上的这些斑点只是代表极其微小的不均匀性。

所以，宇宙微波背景辐射这张照片告诉我们这样一个重要结论：在38万年的时候，至少在4200万光年的范围内，物质的分布几乎是均匀的。

物质需要经过充分的“搅拌混合”才能达到均匀分布，但是，根据早期版本的宇宙大爆炸理论，在38万岁的时候，能够进行充分“搅拌混合”的范围最多只有38万光年，即物质的分布最多在38万光年的范围内能够达到均匀。这是因为即使物质以光速传播，从而完成“搅拌混合”，那么通过这个搅拌所形成的均匀范围最多也只有38万光年[1]。

这样一来，二者之间就存在明显矛盾。一方面，根据早期版本的宇宙大爆

[1] 当然，如果考虑到宇宙空间的膨胀，这个扩散范围会略大于38万光年。

炸理论，物质分布最多在38万光年范围内是均匀的；另一方面，我们实际观测到的结果却是，物质分布至少在4200万光年范围内都是均匀的。这个矛盾被宇宙学家称为视界问题。

为了更容易理解这个矛盾，可以用一滴墨汁的扩散过程作为类比。比如说，往一盒清水中滴入一滴墨汁，只有扩散的时间足够长，墨汁才能扩散得很均匀，如图12-2的第四个盒子。如果扩散时间非常短，墨汁只能扩散到很小的一块区域，如图12-2的第二个盒子。

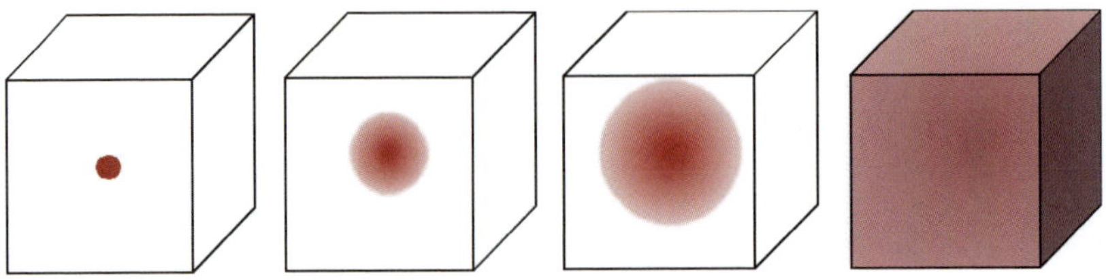

图12-2　一滴墨汁的扩散过程

宇宙的幼年时期非常短（即只有38万年），这相当于扩散时间非常短。那么，根据早期版本的宇宙大爆炸理论，墨汁在第38万年的时候只能扩散到第二个盒子的程度，如图12-3（b）所示。但我们实际观测到的结果却是，宇宙中物质的分布已经是充分均匀的，这相当于墨汁早就已经扩散成第四个盒子的程度，如图12-3（a）所示。

12.1.2　难题

在初始时刻，宇宙中物质的密度非常大，但随着宇宙空间的不断膨胀，物质的密度就会慢慢被稀释，最终稀释成今天所测量到的物质密度。

如果宇宙空间自身只是在膨胀，没有发生弯曲，那么物质密度的这个稀释过程并不会引发什么大问题。比如说，物质的密度在初始时刻的微小不同，稀释到今天仍然是微小的不同，如图12-4所示。这是一个合乎大家常识观念的结果。

但是，广义相对论将宇宙空间（注意是三维纯空间，不是四维时空）的弯

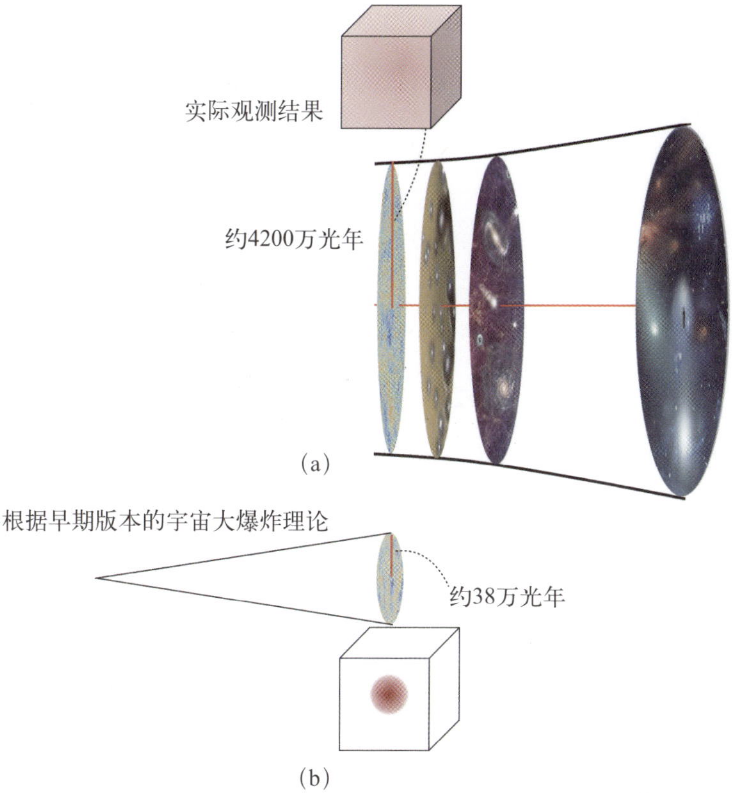

图12-3　早期大爆炸理论所面临的第一个矛盾

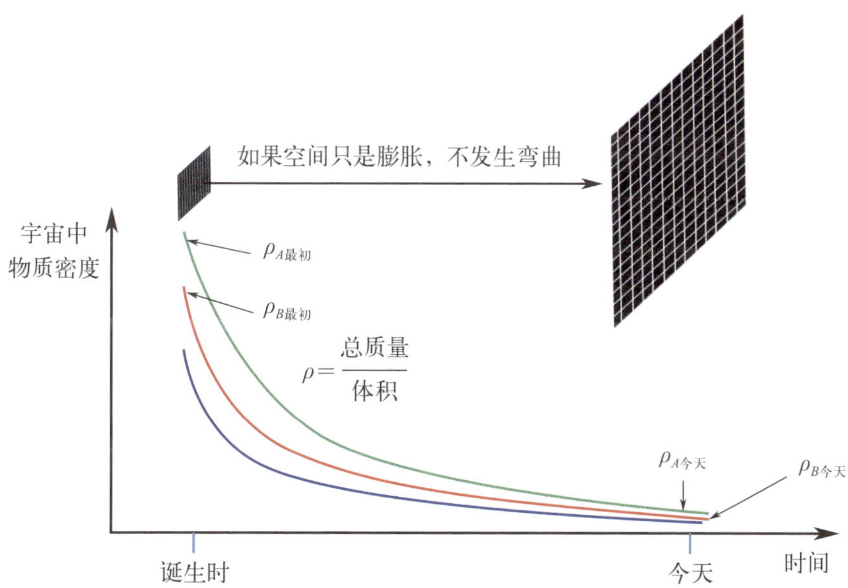

图12-4　如果宇宙空间不会发生弯曲，宇宙中物质密度的稀释过程

曲程度与物质密度的大小联系起来了。具体来说，当宇宙空间没有弯曲时，宇宙中物质的密度需要正好等于一个特殊值，这个特殊值称为临界密度，如图12-5（b）所示。当宇宙的实际密度大于这个临界密度时，宇宙空间就会类似于球面一样弯曲，如图12-5（a）所示。当宇宙的实际密度小于这个临界密度时，宇宙空间就会类似于马鞍面一样弯曲，如图12-5（c）所示。

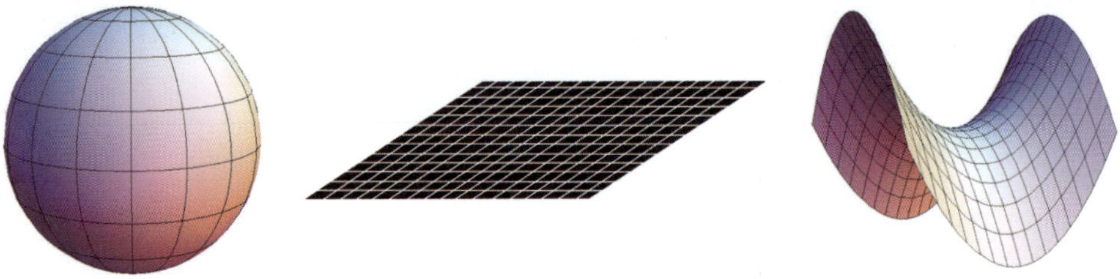

（a）$\rho > \rho_{临界密度}$　（b）$\rho = \rho_{临界密度}$　（c）$\rho < \rho_{临界密度}$

图12-5　根据广义相对论，空间的弯曲方式由物质密度决定

宇宙空间的这些弯曲会导致物质密度的稀释过程出现巨大不同，详细说明如下。

首先，如果空间弯曲了，那么空间体积会随之发生改变。如图12-6所示，当宇宙空间从平坦弯曲成“球面”之后[1]，那么宇宙空间的体积就减小了；当宇宙空间从平坦弯曲成“马鞍面”之后，那么宇宙空间的体积就变大了。

把图12-5和图12-6的这两个结论组合在一起就会引发一场灾难。具体来说，假设在初始时刻，宇宙的实际密度只要在临界密度的基础上稍微增加一点点，那么，根据图12-5（a）所示，这个微小的增加就会导致宇宙空间的弯曲增加一点点，根据图12-6（b）所示，空间弯曲的这个微小增加就会导致空间体积减小一点点。而空间体积的减小会导致宇宙的实际密度进一步增加，这又会引发宇宙空间的弯曲进一步加大，从而陷入“恶性循环”。

由于这种恶性循环的存在，那么，演化时间越长，宇宙的实际密度在临界密度基础上的偏离程度就越大。这样一来，在初始时刻，宇宙的实际密度只要

[1] 需要注意的是，宇宙空间的弯曲是指三维空间的弯曲，但三维空间的弯曲无法直观画出来，所以这里采用二维空间来展示说明。

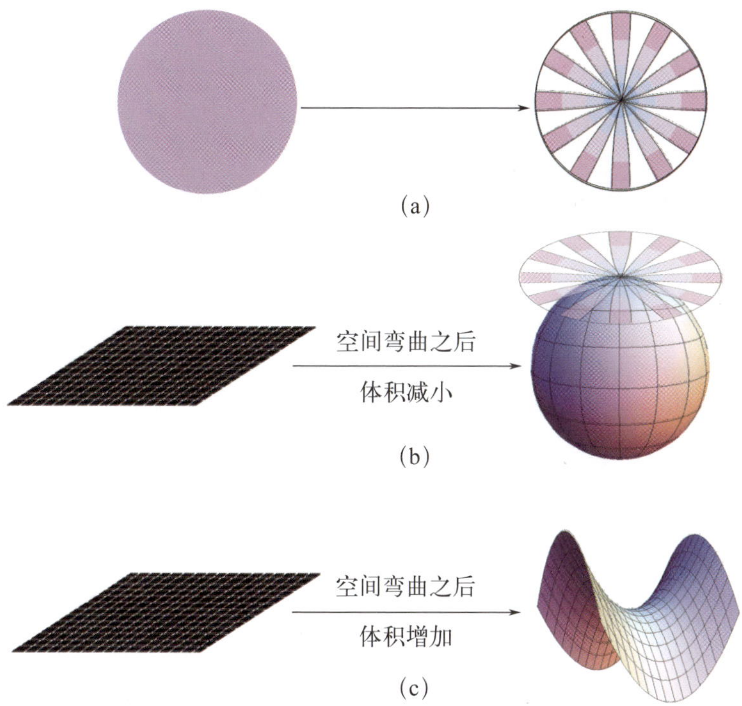

图12-6　空间的弯曲改变了空间体积的大小

偏离临界密度一点点，那么演化到今天，宇宙的实际密度都将远远偏离临界密度。假如在初始时刻，宇宙的实际密度只偏离临界密度的$1/10^{60}$，那么演化到今天，宇宙的实际密度也将会偏离临界密度的1倍，如图12-7所示。用失之毫厘差之千里都不足以形容这种改变。

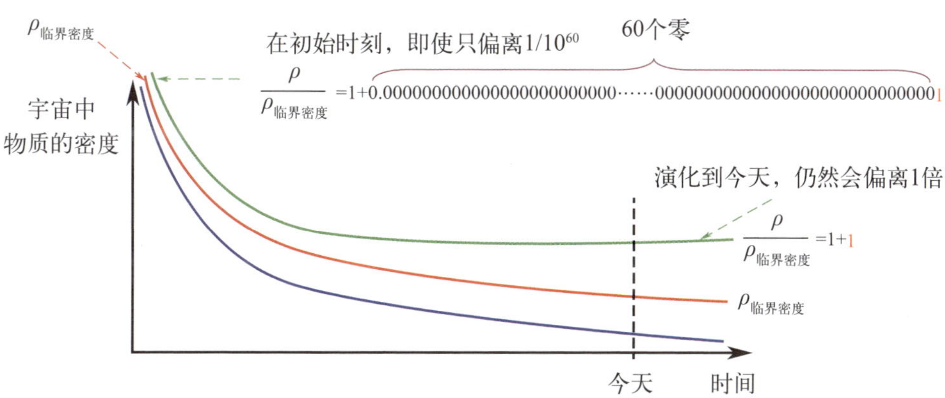

图12-7　如果宇宙空间发生了弯曲，宇宙中物质密度的稀释过程

但是，我们实际测量到的结果却是：宇宙在今天的实际密度偏离临界密度的程度小于0.5%，即只偏离了临界密度一点点。那这就意味着，在初始时刻，宇宙的实际密度与临界密度的偏离程度必须小于$1/10^{60}$。也就是说，在初始时刻，宇宙的实际密度的精确度需要调节到小数点后60位以上。如果在调节过程中，这个精度存在稍微一点点不满足，那么今天宇宙中的星系物质就会多1倍或者少1倍。

将一个初始参数的精确度调节到小数点后60位以上，我们很难想象宇宙的“设计者”如何能够精确无误地做到这一点。所以，这个困境称为精细调节难题。它是早期版本的宇宙大爆炸理论的一个缺陷。

这个精细调节问题有时候也被称为空间平坦性难题。这是因为在初始时刻，要求宇宙的实际密度与临界密度的偏离程度小于$1/10^{60}$，这相当于要求在初始时刻，宇宙空间必须无比接近平坦，接近程度也要达到$1/10^{60}$，如图12-8所示。要求宇宙空间无比地接近平坦，但又没有严格等于平坦，如何能做到这一点呢？空间平坦性难题由此得名。

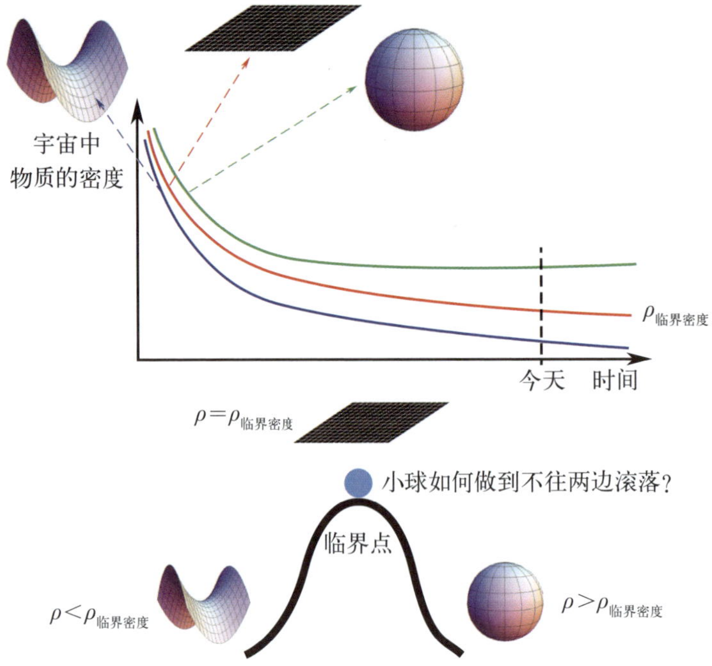

图12-8 空间的弯曲对物质密度演化的影响

12.1.3 矛盾和难题的解决——暴胀理论的提出

到了20世纪70年代，宇宙学家们就已经意识到了上面谈到的这些矛盾和难题。这一次，历史将解决这些难题的机遇首先给予了阿兰·古斯，如图12-9所示。在20世纪70年代末到80年代初，阿兰·古斯给出的解决方案就是：在最初阶段，只要让宇宙空间急剧膨胀10^{26}倍就能正好避免这些矛盾和难题。今天回过头来看，阿兰·古斯的解决方案其实很好理解。

图12-9 阿兰·古斯

首先，一块原本很小的均匀分布的物质区域，在空间急剧膨胀10^{26}倍之后，这块区域就会被拉伸成很大的区域。那么，到了第38万岁的时候，这块很大的区域就已经超过4200万光年的范围。这样一来，第12.1.1小节谈到的矛盾也就不存在了，如图12-10所示。

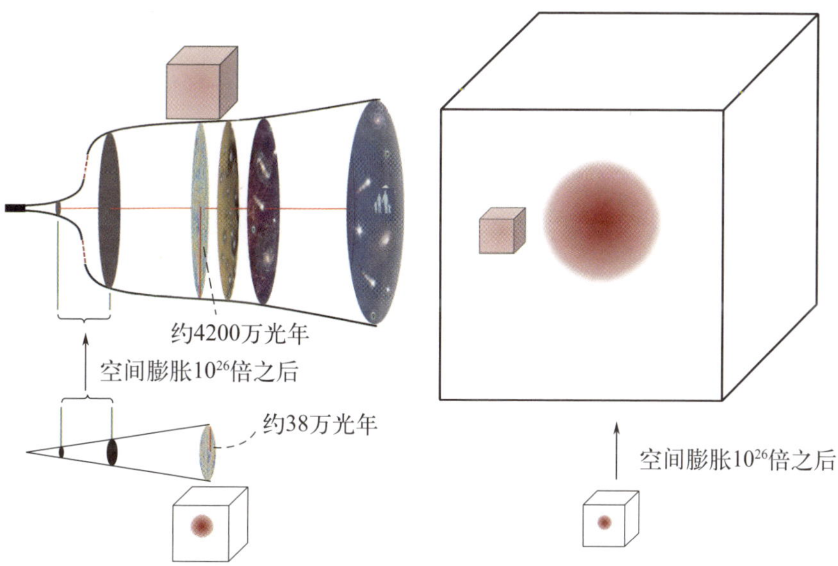

图12-10 用暴胀过程解决早期版本的大爆炸理论所面临的矛盾

另外，如果空间在极短时间内膨胀10^{26}倍，那么原本弯曲的空间也会因为膨胀而变平坦，这就好像一只气球，在没有吹胀之前，气球的表面是弯曲的，当被吹胀成地球那么大时，气球表面就几乎成为平面，但又不是严格的平面。所以，在最初时刻，即使宇宙空间不是平坦的，但在空间急剧膨胀10^{26}倍之后，宇宙空间已经无比接近平坦了。这样一来，第12.1.2小节谈到的空间平坦性难题就不存在了，如图12-11所示。当然，初始密度的精细调节难题也就随之解决了。

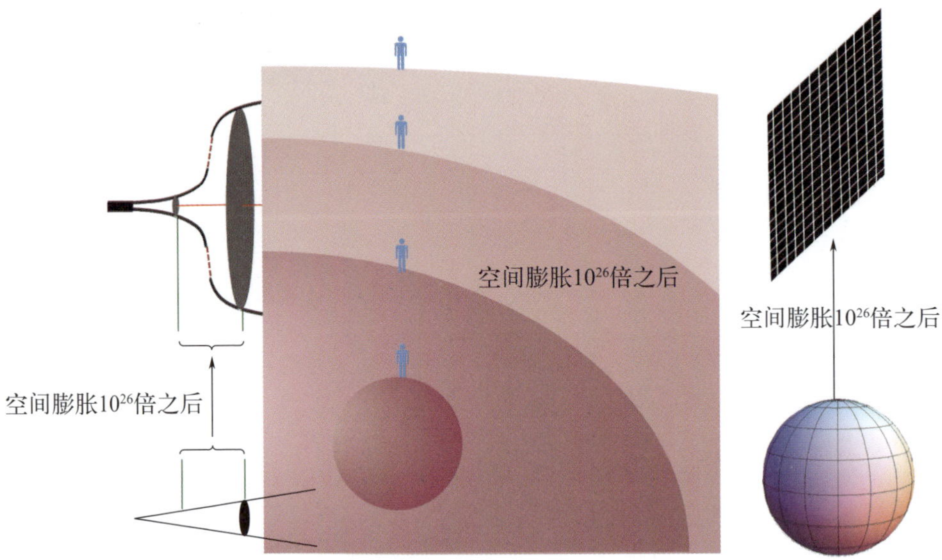

图12-11　用暴胀过程解决早期版本的大爆炸理论所面临的难题

所以，为了解决早期版本的宇宙大爆炸理论所存在的矛盾和难题，在最初阶段，宇宙空间不可避免地需要经历一个暴胀过程，即宇宙空间需要在极短时间内至少膨胀10^{26}倍。当然，如此剧烈的膨胀过程需要无比巨大的排斥力才能推动完成。而第3.2节谈到过，如此巨大的排斥力只有追溯到第10^{-36}秒才会存在，那么，这个暴胀过程就是从第10^{-36}秒开始的。

就这样，为了克服早期版本的宇宙大爆炸理论自身的理论缺陷，我们又为宇宙大爆炸理论构建了另外一块“拼图”。这块拼图被宇宙学家称为暴胀过程。不过，宇宙学家目前还不清楚这块拼图上的“图案”具体是什么样子。

12.2 起源过程的细节

对于宇宙的早期阶段，我们已经有足够的信心相信从第0.01秒开始发生的事情，因为从第0.01秒开始对宇宙进行计算所采用的理论在实验室已经得到充分验证。那么，对于更早的阶段，我们的认识又达到什么程度呢？

对于第10^{-36}秒之前的阶段，我们的回答仍然只有只言片语，甚至连粗糙的计算也没有。它对我们的神秘程度不亚于浩瀚的星空对远古人类的神秘程度。

对于从第10^{-36}秒到第10^{-10}秒的起源时期，我们已经能够说出个大概。这段起源时期由两个过程组成：第一个过程是第10^{-36}秒到第10^{-35}秒的暴胀过程；第二个过程是第10^{-35}秒到第10^{-10}秒的物质诞生过程（宇宙学家称之为重加热过程）。

上一节已经解释过，为了克服早期版本的宇宙大爆炸理论自身的理论缺陷，暴胀过程是不可避免的。到今天为止，我们已经构造出几十种理论模型来描述这个暴胀过程是如何发生的，这些模型都称为暴胀模型，如图12-12所示。但是，我们很难说出这几十种暴胀模型中哪个模型是最好的，这就好像在中世

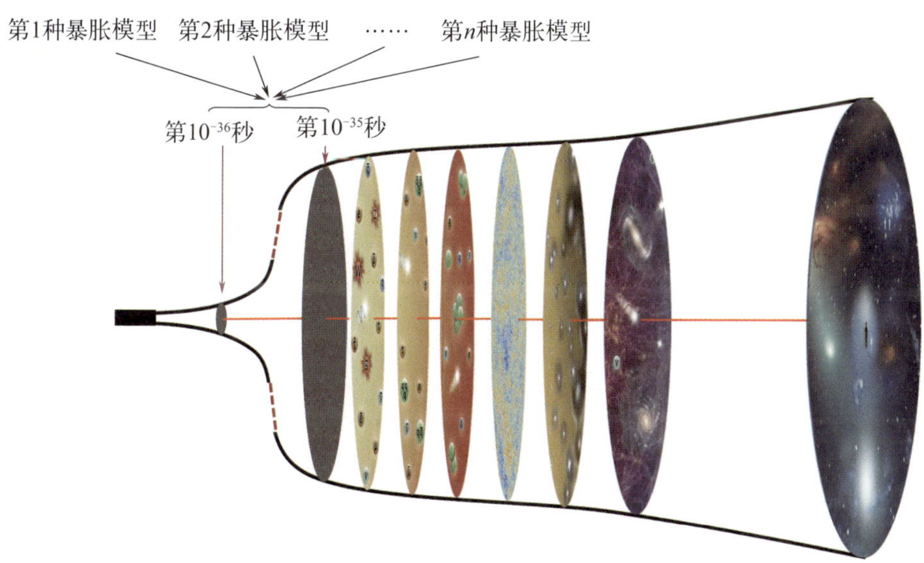

图12-12　解释暴胀过程的理论不是没有，而是太多了

纪，在托勒密宇宙模型的基础上，人们通过各种小修小改（主要靠添加本轮来实现）构造出大量的地心说模型，但在计算火星运行位置上，人们又很难说出到底哪个地心说模型才是最好的一样。

另外，这些暴胀模型只负责精确描述暴胀过程是如何进行的，并不负责解释暴胀过程为什么会出现。这非常类似于古人采用托勒密宇宙模型去精确描述行星运动是如何进行的，但不负责解释行星为什么会这样运动。

就像通过调节托勒密宇宙模型中的各种参数，古人已经可以让计算结果非常接近观测结果一样，在今天，宇宙学家也可以通过调节暴胀模型的各种参数，让计算结果非常接近观测结果。

所以，对于这个无比剧烈的暴胀过程，我们应该采用对待托勒密宇宙模型的态度去对待它，如图12-13所示。也就是说，尽管这些暴胀模型还不是最后的答案，甚至还不是一个像牛顿理论那样完美的答案，但它们还是已经对宇宙的起源过程做了很好的精确描述，即我们已经很好地回答了“是什么”的问题，只是还没有回答“为什么”的问题。

那么，在未来，我们需要做的工作就是对这些暴胀模型不断优化，让它更加精确，就像古人对托勒密的宇宙模型不断优化一样。希望通过这种优化，我们在未来能够得到一个正确的模型，就像通过对托勒密的宇宙模型不断优化，人们最终得到了正确的开普勒椭圆轨道模型一样。到了那个时候，或许我们才能解释暴胀过程为什么会发生，就像只有在得到了开普勒的椭圆轨道模型之后，牛顿才能解释行星为什么会围绕太阳旋转一样。

对于第10^{-35}秒到第10^{-10}秒的物质诞生过程，我们现在只有一个粗略的说明。具体来说，当暴胀结束时，推动暴胀过程发生的能量会立刻衰变成为普通物质的基本粒子，从而让宇宙空间一下子就充满大量的粒子，如图12-13所示。这个衰变过程因此也被称为重加热过程。至于这个衰变过程是如何发生的，我们目前还只能提供一个很粗糙的计算，相关的细节仍然不是很清楚。背后原因很简单，那就是此衰变过程的计算已经超出量子力学目前的能力极限，比如已经远超粒子物理标准模型的有效范围。而新的理论还没得到实验验证，比如超对称理论、弦理论。

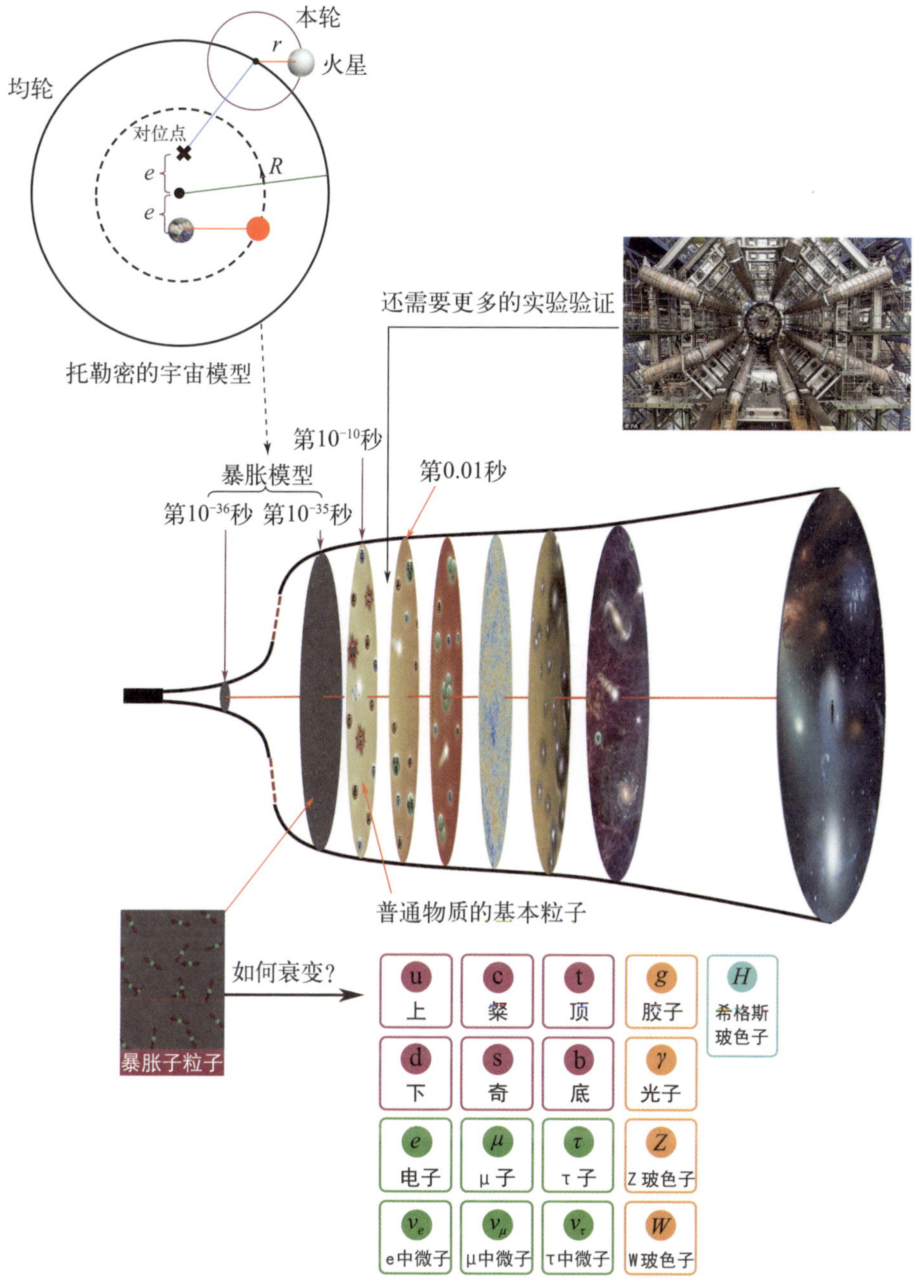

图12-13　未来需要做的工作

总之，关于宇宙极早期阶段的暴胀过程和重加热过程，一切尚未定论。理论研究还在不断进行中，今天的理论与10年前的理论已经不太一样；10年前的理论与20年前的理论更是存在巨大差异。

对于第10^{-10}秒到第0.01秒质子诞生的时代，量子力学已经有能力描述了。但是，宇宙在这个阶段的温度仍然还很高，我们的实验室还无法模拟出如此高温的实验环境，只有目前还处于实验运行阶段的LHC大型粒子加速器才基本可以模拟这一时期的宇宙环境。也就是说，对于质子诞生时代，我们已经有理论进行精确计算，但理论还没有得到实验室的充分验证。

从第0.01秒开始，我们可以完全相信宇宙大爆炸理论所描述的过程了，因为到了这个时候，宇宙的温度已经降低了很多，量子力学在这种温度环境下的计算已经在我们实验室得到了充分验证。

第13章 宇宙之外是什么——历史还会重演吗

历史的车轮又重复了，我们再次面临相似的问题：今天可观测的宇宙就是宇宙的全部吗？

13.1 多重宇宙理论

就我们目前的观测能力而言，宇宙当然存在着边界。第6章谈到过，我们目前能观测到的最远边界是465亿光年。如果暗能量真像我们今天所了解的那样，那我们在未来能观测到的最远边界也只有620亿光年。于是，我们可以轻松地问出：在这个620亿光年的边界之外，宇宙还存在吗？宇宙大爆炸理论给出的回答是：当然存在。仅仅凭借日常生活经验，大多数人都会给出这样的回答，对此很容易达成共识。

但对于接下来的问题，持不同答案的回答者就很难说服彼此了，那就是：在这个620亿光年的边界之外，宇宙又是什么样子呢？是与我们目前已知的宇宙完全一样呢，还是会以我们完全无法预料的方式存在呢？很显然，这个问题在目前还无法得到统一答案。

在历史上，我们面临过相同的困惑。在16世纪，当哥白尼提出地球以及其他行星都在围绕太阳旋转之后，就开始有人在设想其他恒星是否也和太阳一样，也有属于它自己的行星围绕其旋转。也就是说，当时的人们已经在猜测，在太阳系之外，其他恒星是否也和太阳一样形成一个有行星围绕其旋转的体系呢？

到了19世纪，我们通过望远镜对银河系内恒星进行了仔细测量，已经能够绘制出银河系的大致模样。大家再一次面临着一个类似的问题，那就是：银河系就是宇宙的全部了吗？在银河系之外，是否存在与银河系类似的星系呢？

这种问题一般来说只会形成两个派别的答案。一个派别会认为银河系就是宇宙的全部，因为银河系之外的部分目前无法被我们看见，所以无法断定银河系之外是否还有星系存在。另一个派别认为，在银河系之外，还存在着其他类似银河系的星系，即使目前暂时无法看见它们，但可以相信它们依然存在。就像在辽阔海面上分布着无数小岛一样，这些众多的星系也分布在无尽的宇宙空间中。这个观点在当时称为宇宙岛理论。

今天回过头来看，显然第二个派别的观点是正确的。在银河系之外，的确还存在着大量的星系。尽管这些星系与银河系并不完全相同，但它们是相似的。

在今天，历史的车轮又重复了，我们再次面临相似的问题：今天可观测的宇宙就是宇宙的全部吗？在可观测宇宙边界之外，世界又是什么样子的呢？

这个问题也形成了两个派别的答案。一个派别认为620亿光年之外的宇宙和我们观测到的这部宇宙是完全一样的，没有本质的区别。另外一个派别则认为，在620亿光年之外，或者在更远距离之外，还存在着其他宇宙。这个观点在今天称为多重宇宙论（见图4-3）。

多重宇宙理论认为，其他宇宙与我们的宇宙可能完全不同。比如说，其他宇宙目前的膨胀速度和我们宇宙膨胀速度并不相同，甚至有可能是在减速膨胀。再比如说，其他宇宙的基本相互作用与我们宇宙中的四种基本相互作用也不一样。

多重宇宙理论并不是我们凭空想象出来的。根据一些暴胀模型（比如永恒暴脉模型）的理论计算，我们可以认真地推导出多重宇宙的存在，或者说，我们可以把多重宇宙视为目前的暴胀理论模型的一种预言，如图13-1所示。

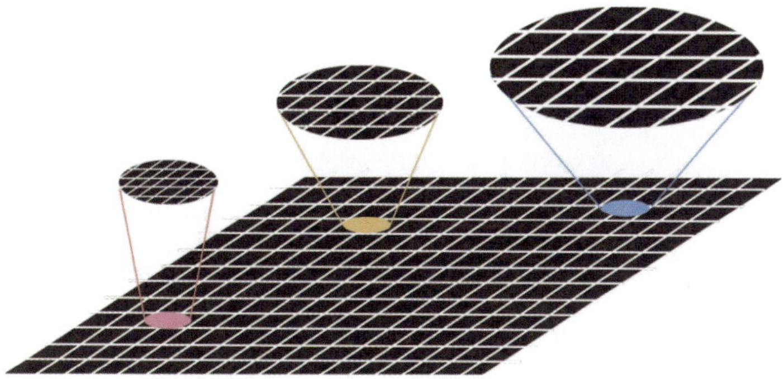

图13-1　根据暴胀理论，除了我们的宇宙，还有其他宇宙诞生了

当然，这个结论还只是我们的理论推导，目前还没有观测证据来支撑它。令人感到悲观的是，我们在未来似乎也无法找到直接的观测证据来判断这个观点是否成立，因为我们目前还没发现有什么信号的传递速度可以超过光速，让我们能够看到我们这个宇宙之外的部分。当然，我们仍然还有一丝希望，因为如果这些多重宇宙之间存在相互作用，比如发生过“相互碰撞”，那么这些“碰撞”一定会留下痕迹，比如在宇宙微波背景辐射图像上留下痕迹，或者在原初引力波上留下痕迹。希望在未来的某一天，我们更先进的观测设备能够清晰地看到这些痕迹，从而证明多重宇宙的存在。

13.2　宇宙之外是否无限

多重宇宙理论仍然无法满足人类思维的好奇心和想象力，比如任何一个人都可以轻松地追问：多重宇宙之外又是什么？多重宇宙之外是无限的吗？如图13-2所示。

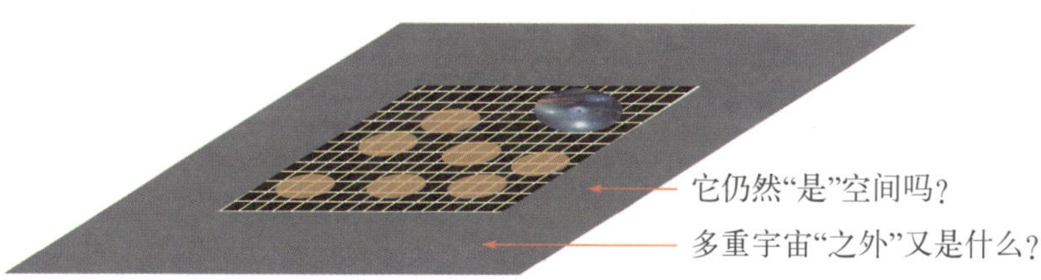

图13-2　多重宇宙的“之外”

第3章谈到过，“无限”一词是我们通过理性思维的逻辑推理所构造出来的语言。当我们采用“无限”这个词去描述、思考宇宙时，我们必须要时刻提醒自己，理性思维在这个思考过程中隐藏了哪些推理。

第一，我们的思维已经假定图13-2中黑色区域仍然是空间，因为“之外”这个词是建立在传统空间观念之上的。然而，我们无法确定图13-2中黑色区域是否仍然是空间，它或许“是”另外一种“存在”。但是，如果它不再“是”空间，那它又“是”什么样的“存在”呢？在我们已有的语言系统中，我们似乎只能找到“虚无”这个词来描述它。比如说，我们可以讲“图13-2中黑色区域是一片虚无”。然而，这句话实际上是无效的，或者说自相矛盾的。首先，和“无限”一样，“虚无”是我们通过理性思维的逻辑推理所构造出来的语言，我们这个世界并没有具体的物体与之对应。其次，这句话中的“是”“区域”“一片”等词语只有在假设图13-2中黑色区域是空间之后才有效。

总之，只要我们试图采用语言去描述图13-2中的黑色区域，我们的语言就无法绕开“是”“存在”这些词。但是，当我们采用这些词语的时候，我们又必须先假定图13-2中黑色区域仍然是空间。所以，如果图13-2中黑色区域不再“是”空间，那么无论我们怎样描述它，这些描述都是无效的。也就是说，我们连描述它的语言都没有了。一旦没有了语言，我们的思维就无法运转，也就是无法去思考它了。

第二，正如第3章谈到过的，我们只有通过数学语言才能准确表达“无限”所指的含义，所以，当我们采用“无限”去思考宇宙时，理性思维已经做了这样一个推理，那就是将真实的宇宙空间等同为抽象的数学空间。然而，我们无法确定这种等同在图13-2中的黑色区域仍然是有效的。如果这种等同不成立，那么“无限”这个词在图13-2中的黑色区域就失效了，也就不能采用“无限”这个词去思考它了。即使这种等同是成立的，我们仍然面临另外一个难题，那就是数学空间（比如一条直线）到底是真实的存在，还是思维的构造物。这个难题已经困扰哲学家们2000多年，至今依然没有统一而明确的答案。

通过上百万年的进化，人类的大脑具有了思维的能力。这些思维必须借助于语言才能被我们感知到。然后，通过语言，人类构建出了一个语言世界，那么，这个语言世界当然就可以被我们的语言表达出来。在直观感受上，这个结果表现为这个语言世界可以被我们理解到。这种可以被理解的感受让我们产生了一种错觉，那就是我们总是认为我们借助语言所构建的世界就是真实的世界。但是，到了今天，我们应该意识到，我们的思维和语言的诞生存在一个根基，从而导致我们思维和语言所具有的能力存在一个无法逾越的局限边界。一旦失去这个根基，我们的思维和语言都将失效，或者说无法运转。我们采用语言能够描述的世界，仅仅是我们思维能够推理出的上限，而不是真实世界的全部。

爱因斯坦曾经感慨道："宇宙最难以理解的地方就是它居然可以被理解。"然而，这或许还是高估了人类的认知能力。由于语言的局限，我们的思维只会将可以被理解的部分呈现给我们，或者说，我们的思维只是把可以被理解的那部分挑选出来了。没有被挑选出来的部分已经无法被思维意识到，从而导致我们把挑出来的这部分当成了全部，于是让我们产生了这个宇宙是可以被理解的认知。也就是说，我们的思维只是将其所能推理出的那部分呈现在我们的语言中，然后，语言让我们拥有了这部分世界可以被理解的认知，于是我们感觉到：这个宇宙是可以被理解的。总之，我们只是理解了思维允许我们理解的那部分，但不是全部（关于如何理解宇宙的更多讨论，可以参考本书姊妹篇《解读宇宙——人类构建宇宙图像的历程》)。

13.3 宇宙是否有限无边

当然，为了回避"无限"所带来的难题，人们想到了另外一种解释方案，那就是认为整个宇宙是有限的，但没有边界。这种解释方案意味着整个宇宙空间存在弯曲，比如类似于球面那样的弯曲。

然而，我们的观测结果并没有强有力地支持这一解决方案，因为通过测量发现，今天已经观测到的这部分宇宙空间几乎是平坦的，测量结果与没有弯曲的宇宙空间之间只存在极其微小的差别。我们目前无法确定这一极其微小的差别到底是其他干扰因素导致的，还是宇宙空间的确存在极其微小的弯曲。

即使测量结果证明今天可观测的那部分宇宙空间存在极其微小的弯曲，我们也无法确定可观测宇宙之外的宇宙空间也存在相同的弯曲方式，因为根据多重宇宙理论的预言，我们这个宇宙之外的其他宇宙可以存在巨大的不同，这当然包括弯曲方式的不同，如图13-3所示。总之，我们无法确定有限无边的解释方案是否正确。

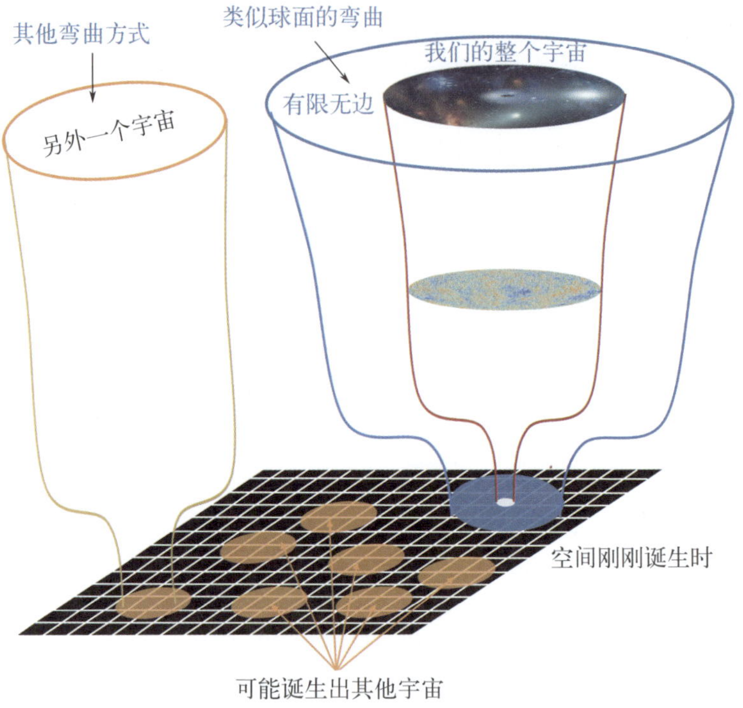

图13-3　不同宇宙可能存在不同弯曲方式

第 14 章 宇宙未来会怎样——各种结局都是灾难

对宇宙未来命运的所有预测都是基于目前对宇宙已有的认知。可是，目前对宇宙的认知还不是很充分，比如说，我们仍然不清楚暗物质和暗能量究竟是什么。不幸的是，暗物质和暗能量对于我们预测宇宙的未来恰恰又起到至关重要的作用。所以，只要我们对暗物质和暗能量的性质有了新的认识，今天对宇宙未来命运所做的预测都会被推翻。

暗能量具有一种不同寻常的性质，那就是它的压强小于零，并且正好等于其能量密度的负数。可是，我们无法确定这种特殊性质在未来是否会发生变化。如果发生变化，我们能预见到三种可能的变化，宇宙由此就会出现三种不同命运。这三种变化分别是：暗能量的负压强小于其能量密度的负数；暗能量的负压强正好等于其能量密度的负数；暗能量的负压强大于其能量密度的负数。宇宙由此对应的命运是大撕裂、大寂静和大塌缩，如图 14-1 所示。

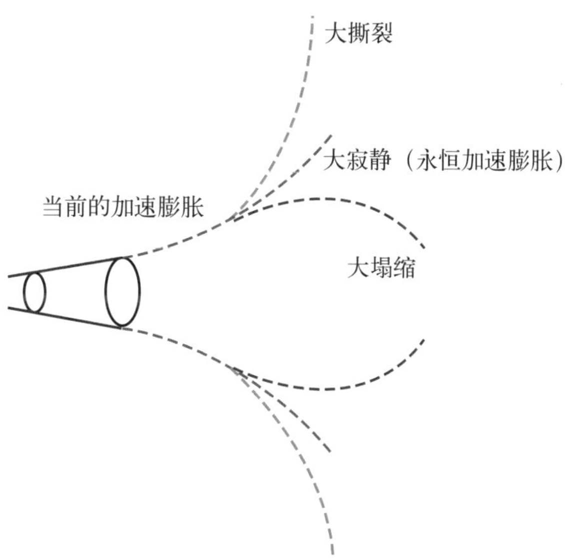

图14-1　宇宙在未来的三种可能命运

14.1 大寂静

如果在未来，暗能量的性质保持不变，也就是暗能量的负压强仍然等于其能量密度的负数，那么，随着宇宙空间的不断膨胀，暗能量的密度仍然保持不变，而星系物质和暗物质的密度会越来越低。当星系物质和暗物质所占比例低到接近于零时，暗能量所占比例已经接近100%。到那时，暗能量就完全统治宇宙了。

暗能量的密度保持不变，那么，暗能量产生的推动力也将保持不变，这将导致宇宙以固定的加速度持续膨胀。所以，这种结局称为永恒加速膨胀。

宇宙的永恒加速膨胀会让膨胀速度越来越快。这样一来，氢和氦元素再次聚集成恒星的难度就会越来越大。也就是说，在未来，恒星的诞生率将小于恒星死亡率。等最后一批恒星死亡之后，我们这个宇宙中就不再有发光体了，宇宙陷入一片可怕的黑暗和寂静，不再有任何生机。所以，这种结局也称为大寂静。

整个宇宙都没有一个发光体的黑暗，无疑是我们能想到的最恐怖的黑暗场景，但是，这样的结局还不是宇宙最恐怖的结局，因为更加恐怖的大撕裂结局除了带来无尽的黑暗之外，还会将任何物质都撕得粉碎。

14.2 大撕裂

如果在未来，暗能量的性质发生了改变，比如暗能量的压强变小了，那么，暗能量的密度不再保持不变，而是越来越大。这将导致暗能量产生的排斥力越来越大。于是，暗能量推动宇宙加速膨胀的加速度也将越来越大。这将引发一场大灾难，因为按照这样加速膨胀下去，在有限短时间之后，宇宙的膨胀速度就会快到难以想象的程度。

比如说，按照宇宙在目前的膨胀速度来计算，相距130亿光年的两端之间的膨胀速度才会超过光速。但是在未来，由于宇宙膨胀的这种剧烈加速，地球两端之间的膨胀速度也将超过光速。而且继续膨胀下去，很快连一个原子的两端之间的膨胀速度都将超过光速。

也就是说，在这种结局中，最后连原子都会由于空间的剧烈膨胀被撕碎。所以，这种结局称为大撕裂。我们已经无法用语言来描述宇宙在那时的模样。

14.3 大塌缩

如果在未来，暗能量的压强变大了，那么，暗能量的密度也不再保持不变，而是越来越小。这将导致暗能量产生的排斥力越来越小。于是，暗能量推动宇宙加速膨胀的加速度也将越来越小。特别是暗能量的压强上升到其能量密度的－1/3时，暗能量产生的排斥力将不足以抵抗暗物质和普通物质产生的吸引力，于是，宇宙将重新回到减速膨胀的过程，从而出现收缩。

随着收缩的进行，暗物质和普通物质的密度将会越来越大，这会导致暗物质和普通物质产生更大的吸引力，从而导致宇宙空间加速收缩。所以，这种结局称为大塌缩。不过，这种结局正好与3.1节谈到的宇宙大反弹理论对应起来了。

14.4 仍是一个谜

宇宙的这三种命运对于我们来说都是一场灾难。不过，宇宙的命运很有可能不是这三种，我们目前还无法对宇宙的命运做出可信度较高的预测。首先，这三种命运都是基于暗能量的性质来预言的，但暗能量本身的特性还没有被我们完全掌握，我们连暗能量究竟是什么都还没有答案。其次，除暗能量之外，还有其他很多因素也会影响宇宙的命运，比如宇宙空间的形状。目前观测结果表明当前的宇宙空间几乎是平坦的，没有弯曲，但很难确信宇宙空间在未来仍然是平坦的。另外，我们可观测的这个宇宙之外如果还存在其他宇宙，那么这些不同宇宙之间存在相互影响也是可能的。总之，还有很多因素都会影响到宇宙的命运，宇宙的未来几乎是不可预测的。

当然，我们也不必为此感到害怕，因为宇宙最后不管属于哪种命运结局，在这些命运结局来临之前，我们的太阳系早已消亡了。

下篇

宇宙大爆炸理论
值得相信吗

宇宙只有一个，所有人都生活在同一个宇宙中，但人们对宇宙的理解却始终无法做到完全一样。从古至今，这一局面从未得到过缓解。不仅如此，一种理解方式往往还很难说服另外一种理解方式，有时候，这种困难程度已经严重到非兵戎相见不可。即使到了科学教育如此普及的今天，这个局面也没有根本的转变。比如说，在今天，只有一部分人相信宇宙大爆炸理论，而且，每个人相信的程度也不完全一样。大家似乎都对自己的理解坚信不疑，认为别人的理解总是存在缺陷。

不得不承认，面对宇宙这样一个无尽的对象，未知部分必定大于已知部分，现在成功和流行的理论必将只是暂时的。这种命运在之前的历史画卷上已经出现过无数次，那些在当时被视为瑰宝的成功理论，后来却惨遭否定和抛弃。所以，在今天，当我们重新审视那些曾经辉煌一时的宇宙理论时，今天的视野无疑要比当初广得多、深得多。那么，从这个审视过程中得到的体会就能让我们更加明白，今天的我们应该采用什么样态度去面对当今最成功的宇宙理论，即宇宙大爆炸理论。

第 15 章 我们是如何相信太阳系的

15.1 古希腊人相信的宇宙

在古希腊，对宇宙的认识很早就从神学中摆脱出来，比如最早的泰勒斯就认为世界的本质成分是水。这种认知方式一直传承下来了。在此之后，有的哲学家认为世界的本质成分是火，或者是气，又或者是土。不管怎么样，世界的本质成分不再来自神明。这些本质成分后来被称为元素。

当视野从变幻莫测的大地转向秩序井然的天空，他们看到了一个完全不同的世界。在天空，天体的运动居然都遵循统一而简单的规律。面对浩瀚宇宙，人类迎来了第一个困惑与难题：这一切都是由谁主导的。

采用今天视角来看，这是一个要求他们回答“为什么”的问题，即为什么天空是这样秩序井然的。这当然已经完全超出他们的理解极限了，当时的他们必定无法给出正确的答案。但这并不意味着认知这个秩序井然的天空对他们来说是无法企及、无能为力的。在有限的条件下，古人仍然可以有所作为，比如可以先准确描述天体运动的规律是什么，即先回答“是什么”的问题。古人面对天体运动的这种处境，非常类似于今天的我们面对宇宙起源的处境，比如对于宇宙起源时期的暴胀过程，今天的我们也只能尽力回答“是什么”。

两个条件让古希腊人有能力开始认真回答“是什么”的问题。一个条件是对天体运动的持续观测，另一个条件是数学的兴起。

天体的观测记录早在古巴比伦和古埃及就开始了，到了古希腊时期，他们已经拥有大量的观测数据。根据这些观测数据，古希腊人已经有能力准确描述天体运动的位置了。很快，古希腊一个重要哲学流派的出现为这种描述做好了铺垫，它就是毕达哥拉斯学派。毕达哥拉斯学派对数学的崇拜经过数代人的延续，让亚里士多德时代的人们已经可以轻松地采用几何图形去描述天体运动了。

首先，对于“是什么”的问题，即天体如何运动的问题，亚里士多德采用了圆周运动来描述。具体来说，天体镶嵌在天球上，天球的旋转就导致该天球上镶嵌的天体以相同方式旋转，如图15-1所示。这个天球理论是一项伟大的创举，因为这标志着我们开始采用精确的数学去描述天体的运动，从而让描述能够与观测结果进行对比，以判断描述是否成功。

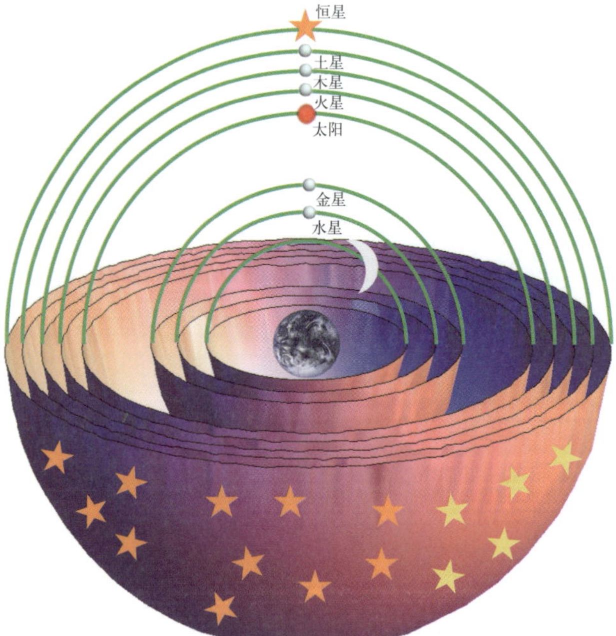

图15-1 对于天体运动的描述，天球理论在当时是非常成功的理论

对于“为什么”的问题，即天体为什么如此运动的问题，亚里士多德将原因归结于一个神秘对象，这对象叫作“自然”。通过将宇宙编织成一个完整的逻辑推理体系，亚里士多德清晰地解释了什么叫“自然”。亚里士多德编织的宇宙体系如图 15-2 所示。

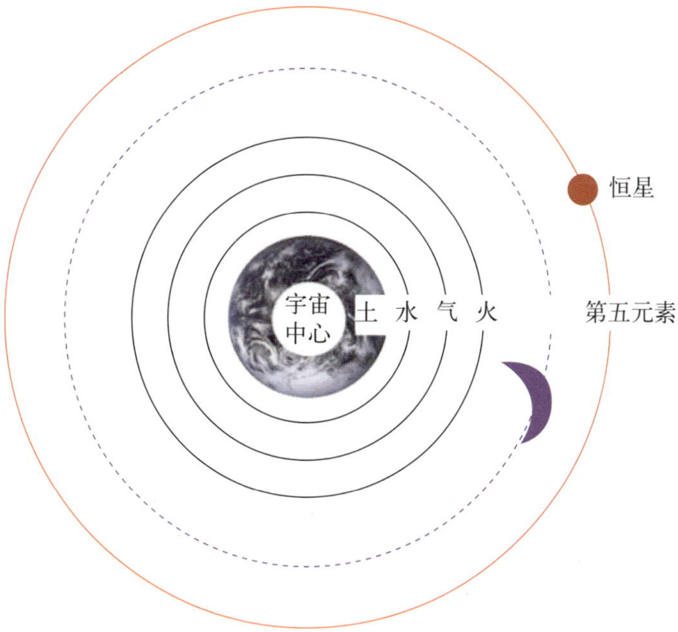

图15-2　亚里士多德描述的宇宙

- 空间被分为地界和天界。月球之下的空间属于地界，月球之上的空间属于天界。
- 地界的物体由“土、水、气、火”这四种元素构造；天界的天体由第五种元素——以太构造。
- 每一种元素都有属于其自身独有的固有位置。就像在当时社会当中，奴隶有奴隶该有的社会地位，贵族有贵族该有的社会地位一样。
- 当一种元素离开它的固有位置之后，该元素总是具有返回到它固有位置的倾向。比如说，“土”离开其固有位置，跑到“火”固有位置上去了，那么“土”就会自动往下掉，使它回到自身该有的位置上。再比如说，组成星体的第五元素也不能离开它的固有位置，那么它既不能往上运动也不能往下运动，只能在固有位置上运动。这样的运动就只能是圆周运动。

- 亚里士多德将一种元素总是具有返回其固有位置的倾向称为“自然”，所以，一种元素返回其固有位置的运动就称为合乎自然的运动。那么，天体的圆周运动就是一种合乎自然的运动，这就是天体如此运动的原因。

对于今天的我们来说，亚里士多德对天体为什么如此运动的这个解释当然没有说服力。可是，我们又怎么能要求2000多年前的古人就能给出正确解释呢？采用这样的标准去评判亚里士多德宇宙理论的价值显然不公平。更加极端的标准是，如果有关“为什么”的问题没有得到很好的回答，那么有关“是什么”的回答也就不值得信任。这更是我们需要避免的偏见。

宇宙大爆炸理论目前就正在遭遇这样的偏见。比如说，对于宇宙刚刚诞生之后的暴胀过程，暴胀理论已经很好地描述了此过程是如何发生的，即已经很好地回答了“是什么”的问题，不过，对于暴胀过程为什么会发生，我们今天还没有给出一致的回答，即我们还没有很好地回答“为什么”的问题。然而，由于这个缺失，宇宙大爆炸理论常常受到质疑，大家很难相信这个暴胀过程真的发生过。

在今天，亚里士多德的名字已经世人皆知，可是在古代，亚里士多德这个名字，连同他的宇宙理论只有极少数人在了解和讨论，绝大多数人终其一生都没有听说过这个理论。相比于如何理解宇宙，绝大多数人更急迫的问题是如何完成奴隶主分配给他们的苦力工作，从而能够勉强维持生命，神被他们视为宇宙唯一可信的主宰。与此相比，宇宙大爆炸理论应该感到庆幸，因为今天了解和讨论宇宙大爆炸理论的人数已经从极少数变成了少数。

15.2　中世纪相信的宇宙

天球理论存在的缺陷是很明显的。这些缺陷在它被提出的时候就已经暴露出来了，那就是有些天体的运动很反常，它们的旋转速度与其他星体总是不相同。这些反常天体后来被称为行星。为了描述行星的这些反常运动，需要为每个行星单独设计一个天球，比如火星就有单独属于它的一个天球。但即使是这样，行星的反常运动也得不到完全描述，比如火星有时候会朝相反的方向旋转，即出现所谓的火星逆行。

对于这种反常运动，后来的人们主要是通过在天球理论上打补丁来解决的。经过数代人的努力，这些补丁已经能够很好地解释行星的退行运动。这些来自不同人打的补丁后来都失传了，不过幸运的是，在它们失传之前被一个人总结成了一本书。这个人就是托勒密，这本书就是《至大论》。

为了满足天球都是匀速圆周转动这个要求，托勒密先将火星镶嵌在一个小天球上，然后将此小球的球心固定在一个更大的天球上，如图15-3所示。这样一来，这两个天球转动的组合就可以产生火星逆行的现象。

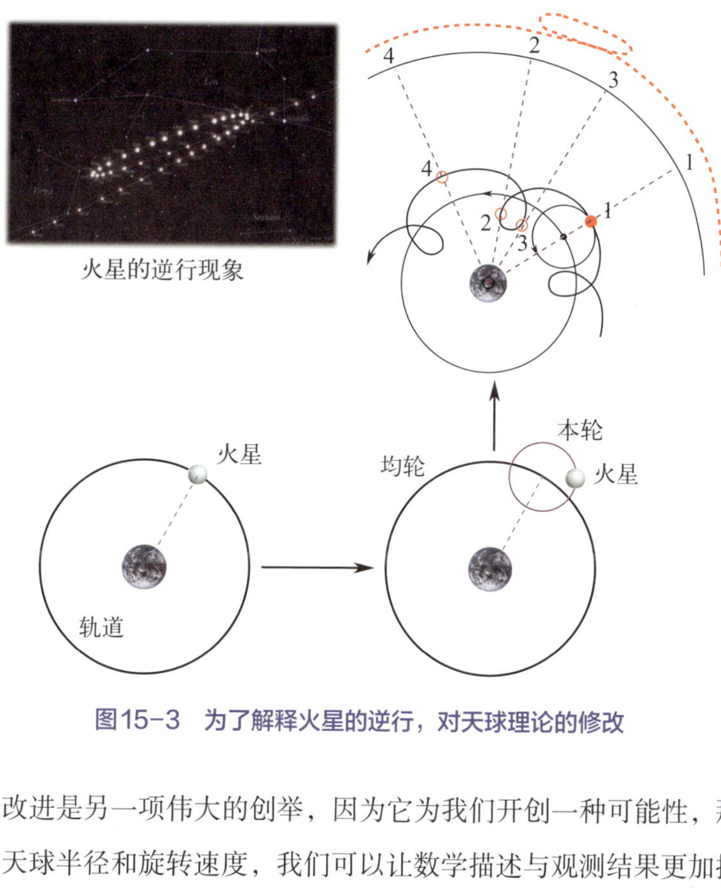

图15-3　为了解释火星的逆行，对天球理论的修改

这个改进是另一项伟大的创举，因为它为我们开创一种可能性，那就是通过调整小天球半径和旋转速度，我们可以让数学描述与观测结果更加接近。这

相当于给这个模型添加了两个参数，然后通过调节这两个参数得到更准确的数据。也就是说，在运用数学去帮助我们认知宇宙的道路上，人类又迈出一大步，我们可以不再像亚里士多德的继承者那样，只依靠文字语言的逻辑推理去回答问题了，而是依靠数学的推理去构造宇宙。

托勒密沿着这条新开辟的道路继续迈进，对宇宙模型不断添加更多的参数，让模型的计算数据达到前所未有的精度，比如火星的计算精度已经高达1度的1/6，如图15-4所示。当然，托勒密的这些改进只是在“是什么”的问题上不断精进，并没有涉及“为什么”的问题。

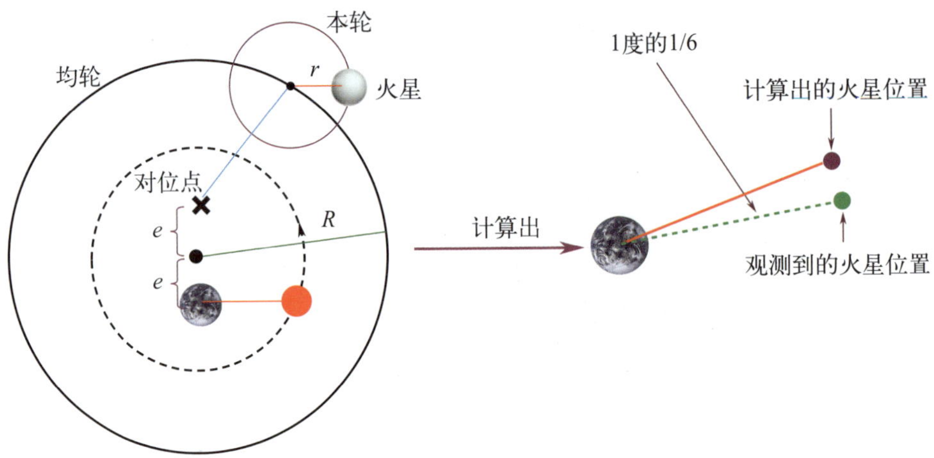

图15-4 托勒密宇宙模型的精度

托勒密生活在罗马帝国时期的亚历山大城，那里是当时的学术中心。但即使在那里，托勒密的宇宙模型也不是当时理解宇宙的主流模型，它在更多的时候被视为旁门左道。宇宙按神的旨意在运动仍然是绝大多数人相信的观点。当西罗马帝国衰亡，基督教兴起之后，人们对宇宙的理解更是如此。

托勒密的宇宙模型后来以另外一种非常规的方式存活下来了，因为占星师需要它。托勒密的另外一本书《占星四书》也成了占星师心目中的经典。到了中世纪的后期，托勒密的宇宙模型才重新开始受到更多人的关注和研究。

15.3 17 世纪对太阳系的破解

哥白尼正好身处文艺复兴和大航海的时代，很多之前没有的现象和观测数据已经表明地球并非静止的。另外，托勒密宇宙模型此时已经被修改得异常复杂，因为想要继续提高计算精度，就不得不给宇宙模型添加更多参数来进行调节。复杂程度的上升显然损害了托勒密宇宙模型的可信度。为了让宇宙模型变得简单，哥白尼做出了让所有人都意想不到的改进，那就是将宇宙中心从地球更改为太阳。1543年，他出版了《天球运行论》[1]。

在哥白尼的宇宙模型中，行星和其他恒星也是镶嵌在天球上，不同之处是哥白尼让这些天球围绕新的宇宙中心——太阳旋转，不再绕地球旋转。当时并没有直接的观测证据支持这个革命性的结论。哥白尼更多的出发点是为了让宇宙模型得到简化。这个目的确实达到了，比如对于火星逆行这种反常现象，即使不添加小天球也能很好地解释了，如图15-5所示。

不过，在预测火星位置的精度上，哥白尼的日心说模型并没有带来什么提高。为了让宇宙模型的计算结果与观测数据更加吻合，哥白尼又不得不依照传统方法对模型不断打补丁，也就是仍然在大天球上添加小天球去调节模型的计算精度。不过，这样做所取得的效果依旧没有质的飞跃，即使到了开普勒的时代，日心说宇宙模型的计算精度也只是

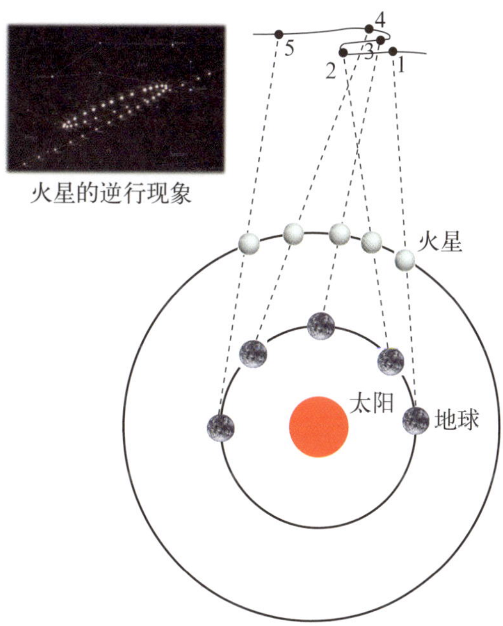

图15-5　哥白尼日心说对火星逆行的解释

[1] 这本书的名字后来被人错误地修改成《天体运行论》。

被提高到1度的8/60，即8角分，如图15-6所示。

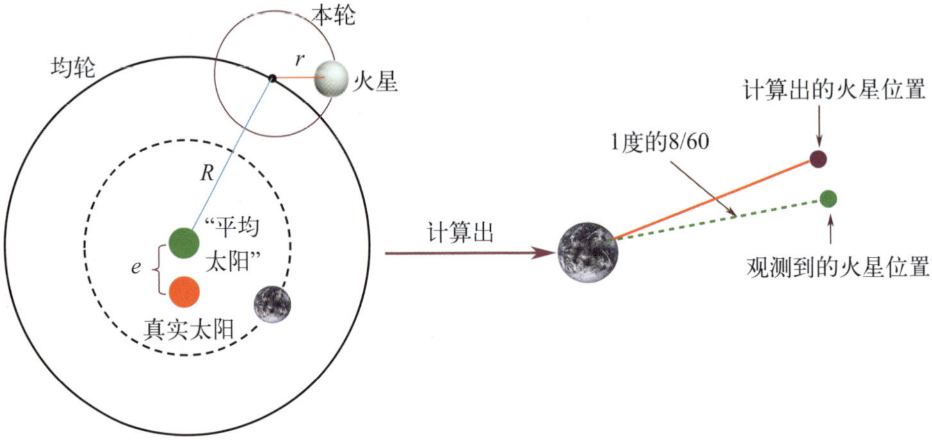

图15-6　哥白尼宇宙模型的精度

抓住这个只有8角分的误差不放，让开普勒成了天空的"立法者"。从第谷·布拉赫那里继承了更精确的观测数据之后，开普勒继续试图通过给哥白尼宇宙模型打补丁的方式来消除这个8角分的误差。但在经过长达8年的努力之后，开普勒却提出了另外一个革命性观点，那就是必须放弃天球的观点，认为火星并没有镶嵌在天球上，而是孤零零地在一个椭圆轨道上围绕太阳旋转，如图15-7所示。被载入史册的这一年是1609年，因为开普勒在这一年出版的《新天文学》中正式提出行星椭圆轨道的观点。

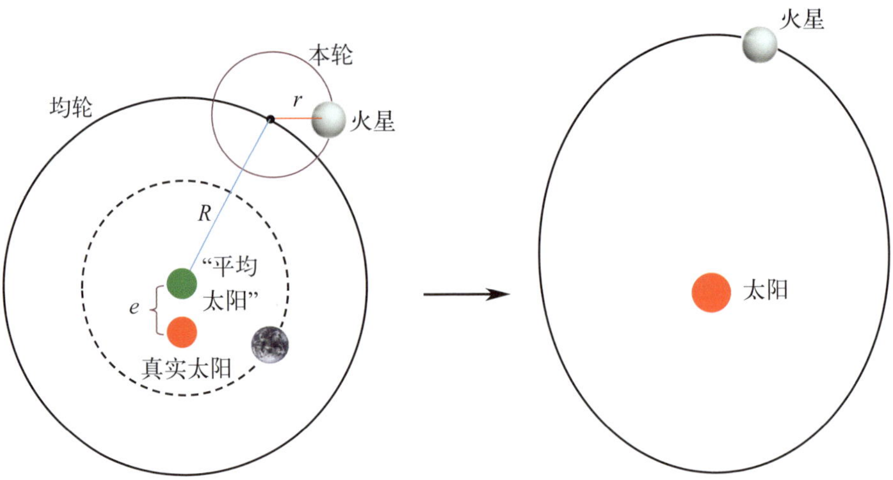

图15-7　开普勒的宇宙模型

开普勒对行星运动的这个数学描述，在今天已经被绝大多数人所知晓，而且，大家对此已经深信不疑。可是，这个结论为什么值得信赖呢？要知道，所有观测数据都是站在地球上观测到的，我们从来没有站在太阳系的上方给太阳系进行过观测，或者给太阳系拍过一张照片。这是一个值得反思的问题，通过这样的反思，我们才能体会到应该采用什么的态度对待今天的宇宙大爆炸理论。

反思的第一步需要意识到，从亚里士多德开始，到托勒密，再到哥白尼，最后到开普勒都只是在回答行星如何运动的问题上不断取得成功，即在回答“是什么”的问题上不断取得成功，不断改进的宇宙模型与观测数据越来越吻合。但在“为什么”的问题上，大家却一直毫无进展，甚至连开普勒本人都还在采用亚里士多德所谓“合乎自然”的解释方案，或者将原因归结于类似神的外部力量，比如“施动灵魂”。

也就是说，对于天体的运动现象，人类居然可以在近2000年的历史长河中忍受只能准确回答“是什么”，却不能合理解释“为什么”的局面。没想到的是，这样的局面也是今天的我们不得不忍受的，如图15-8所示。

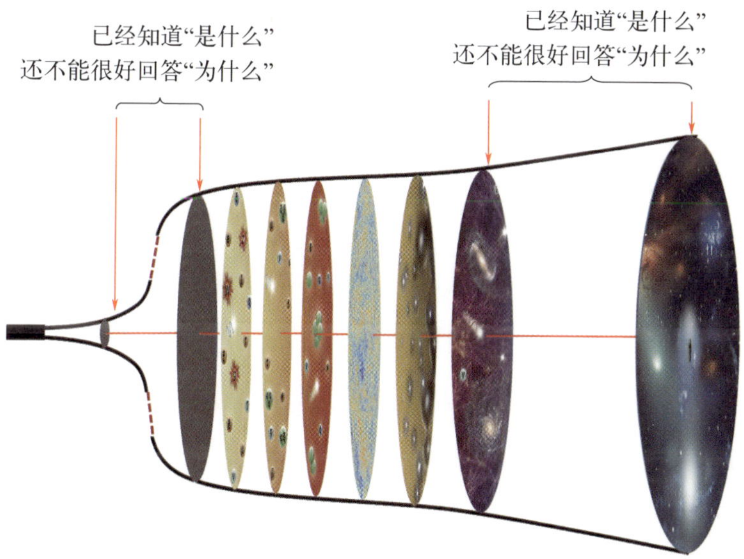

图15-8　宇宙大爆炸理论的境遇

比如说，对于宇宙的暴胀过程和加速膨胀过程，我们对它们进行数学描述的精度一直在不断改进，虽然改进的方式和1000多年前托勒密对地心说模型打补丁的方式非常类似，那就是给宇宙模型添加更多的参数来进行调节，从而与观测数据更加吻合。但是，对于暴胀过程和加速膨胀过程为什么会存在，我们还没有给出完美的解释。

反思的第二步需要意识到，一个理论要想让人完全信服，还必须得弄清楚有关“为什么”的问题。比如说，要想让大家相信行星确实在椭圆轨道上绕太阳运动，那么，我们就必须得解释行星为什么会在椭圆轨道上绕太阳运动。这个“为什么”的问题最终是由牛顿来回答的。

15.4 牛顿让我们相信了这一切

关于“为什么”的问题，从亚里士多德到开普勒、伽利略，大家的解释方案是这样的。首先，行星都固定在天球上，天球的旋转运动就会带动行星运动。其次，天球之所以做旋转运动是由于圆形是最完美的图形，匀速圆周转动是最完美的运动，是最顺其自然的运动。

可是，从开普勒开始，这一解释方案已经站不住脚了，因为天球已经被开普勒完全抛弃，行星已经变为一个孤零零的物体飘在空中。尽管开普勒和伽利略仍然还在采用匀速圆周转动是最完美、最顺其自然的运动来解释行星为什么会绕太阳旋转，但他们不得不承认这种解释不再完全正确，因为行星的实际轨道不再是完美的圆，而是在圆的基础上产生了一点点偏离，即变成了椭圆。所以，他们还必须解释为什么会产生这一点点偏离。

然而，现代哲学之父笛卡儿不再像开普勒和伽利略他们那样保守，而是激进到把亚里士多德的整个宇宙论都抛弃了，不仅仅抛弃天球而已。在完全抛弃亚里士多德的宇宙体系之后，笛卡儿重新构建了一个全新的世界模型。在这个全新的世界模型中，一个物体只要不受到任何阻碍，那么它将永远沿直线匀速运动下去，不再像亚里士多德所说的那样顺其自然地回到所谓的固有位置，如图15-9所示。

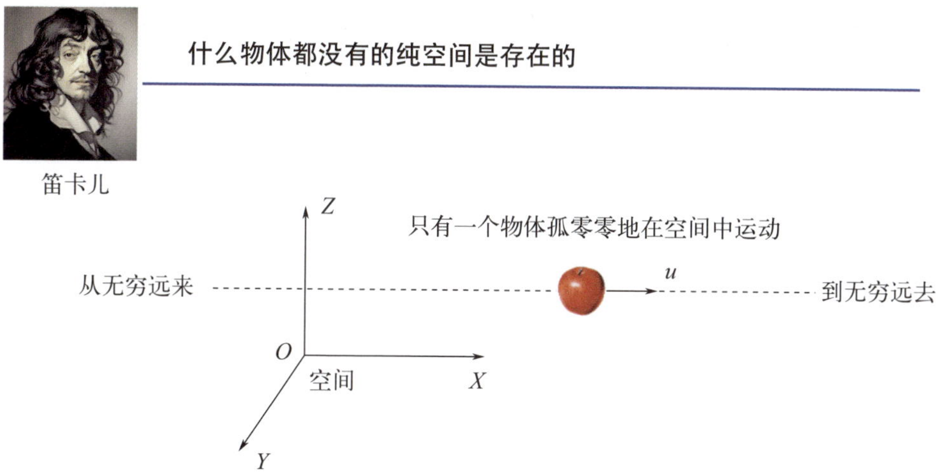

图15-9　笛卡儿构建的全新世界

所以，在笛卡儿之后，我们不仅仅需要解释行星运动为什么会偏离正圆，变成椭圆，而且还要继续深入解释行星运动为什么偏离直线，变成圆周运动。而在笛卡儿之前，行星的圆周运动部分是不需要解释的，因为它被亚里士多德认为是顺其自然的运动。

就这样，到了17世纪中叶，重新回答“为什么”的问题已经不可避免，即我们必须重新解释行星为什么会围绕太阳运动。就在这个时候，牛顿出现了。

与之前的解释方案相比，牛顿的回答不论从内容上还是从方法上都已经有了巨大蜕变。牛顿的这个答案就是万有引力定律+牛顿力学定律。具体来说，按照牛顿的三大定律，行星在万有引力作用下必将在椭圆轨道上围绕太阳运动，如图15-10所示。今天念过中学的每一个人都已经完全相信了这个解释。这套全新的解释方法在今天被称为现代科学的方法。

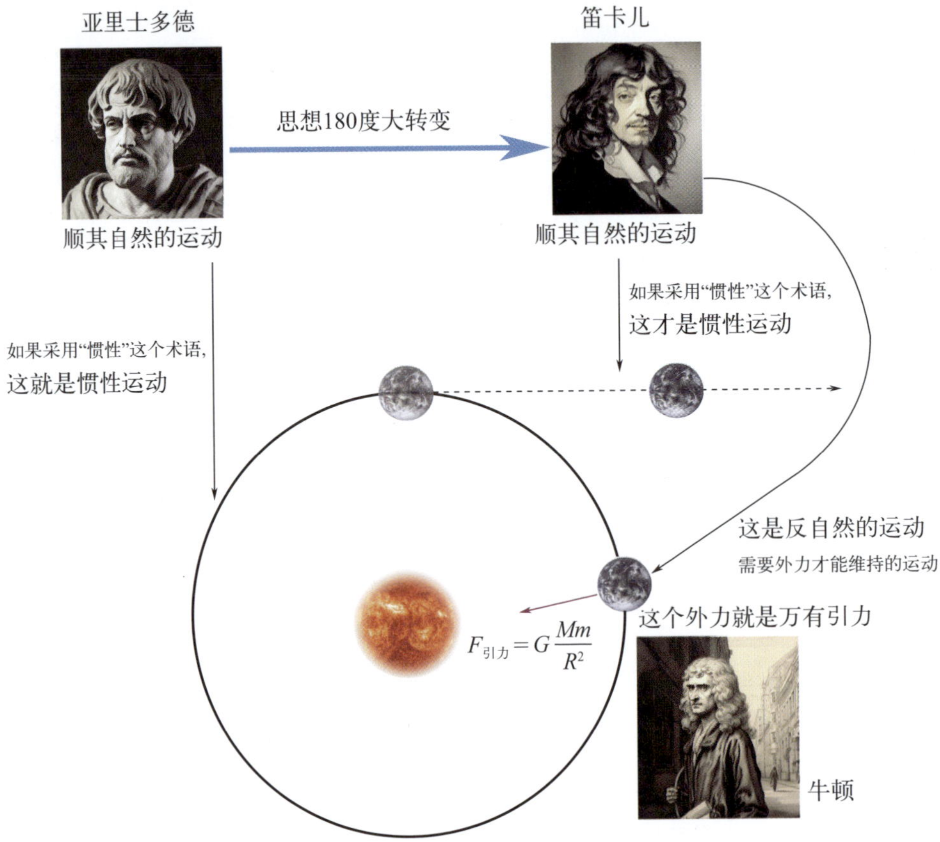

图15-10　牛顿对宇宙为什么如此运行的重新解释

在今天，我们已相信牛顿的这个宇宙理论是正确和真实的，但在牛顿提出这个宇宙理论之后的半个多世纪里，质疑声音并没有消失过，比如直到牛顿去世，法国的科学家们都还没有采用牛顿的宇宙理论，仍然还在采用笛卡儿的旋涡理论。至于普通老百姓，知道并相信牛顿的宇宙理论则需要耗费更长时间，一直要等到20世纪才基本完成。

那么，我们也来反思一下，牛顿的回答为什么就值得相信呢？与过去理论相比，牛顿宇宙理论的本质不同在于，牛顿提出的力学定律在地面得到了实验的无数次验证。这让我们相信牛顿的力学定律是值得信赖的。这样一来，我们需要关心的问题在于，如果将地面上验证成功的力学定律推广到行星，那么这种推广值得信赖吗？今天的多数人都认为这种推广是理所当然的。但实际上，这个问题的答案并不是显而易见的。

对于这个问题，在牛顿的时代，赞成派和反对派各占一半。反对派认为天上与地面属于不同的世界，行星绕太阳的转动与桌面上圆环壁内小球的转动有着本质不同，不能混为一谈。所以，我们不能采用同一个力学定律来描述它们。而赞成派（比如牛顿）则认为，尽管两种运行现象存在本质不同，但在数学计算上仍然是相同的，即它们都可以简化为一个几何点在一条几何曲线上的运动，如图15-11所示。所以，我们可以采用同一个力学定律来描述它们。

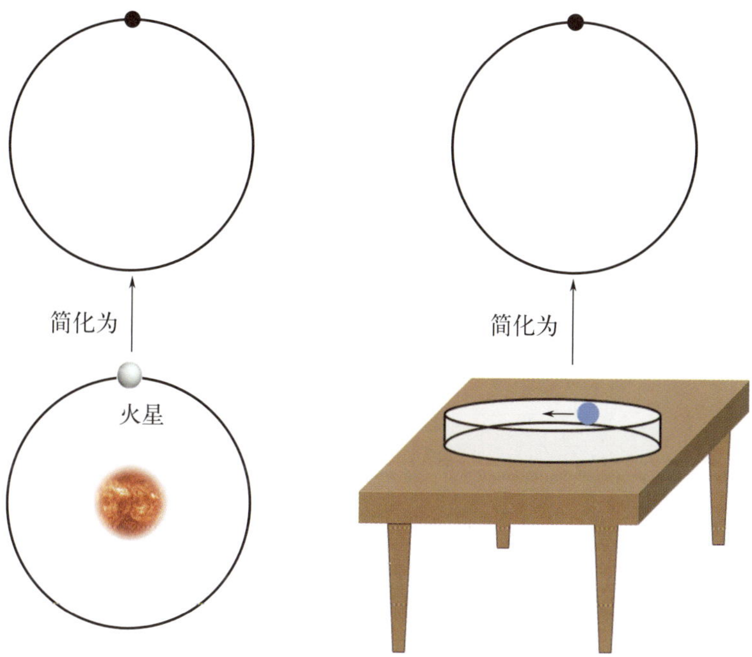

图15-11　这两个圆周运动可以视为同一种类型吗

站在今天的视角来看，念过中学和大学的人会认为赞成派是正确的，毕竟中学课本和大学课本都是这样写的。而念过研究生的人会认为反对派才是正确的，因为研究生的一门叫广义相对论的课程会告诉我们，行星的转动与圆环壁内小球的转动存在本质不同，一个运动是靠惯性来维持，另一个运动却是靠圆环壁对小球的碰撞来维持[1]。

在历史上，赞成派耗费了一个世纪才彻底说服了反对派，而说服的方式就是采用确凿的观测证据，其中标志性的证据就是海王星的发现。在海王星尚未发现之前，根据牛顿理论的计算，我们就事先知道了海王星的存在。在宇宙大爆炸理论中，类似的确凿的观测证据也是存在的，比如下一章将谈到的宇宙微波背景辐射。

总之，牛顿的宇宙理论为什么值得相信？第一个理由是牛顿的力学定律在地面上通过了实验的验证。第二个理由是将这些力学定律应用到天空之后，我们计算出的预言得到观测证据的支持。

那么，宇宙大爆炸理论是否值得相信呢？我们可以采用这两个标准对它做出评估。下一节先来看看我们已经拥有哪些最先进的理论，下一章再来看看我们都有哪些观测证据。

15.5 新一代的理论工具——相对论与量子力学

当把牛顿力学应用于太阳系之后，我们搞清楚了太阳系是如何运行的。但是，如果将万有引力定律推广到更大范围，甚至推广到整个宇宙，我们常常得到自相矛盾或荒谬的结论。比如说，如果无限的宇宙均匀地分布着星系物质，那么宇宙中任何一个位置的引力都将是无穷大。这是因为一个球体的体积会以半径的3次方增加，从而导致该球体范围内物质的总质量也以半径的3次方增加，而万有引力只是按半径的2次方减弱。

引力的这种无穷大当然能够证明牛顿的力学理论本身存在着问题。尽管我们在之前已经对它进行过充分的实验验证，但这些实验只是局限在一定的范围之内，更高精度的实验就能清晰地表明牛顿力学并不完全正确。这意味着牛顿

[1] 更详细的说明可以参见《破解引力——广义相对论的诞生之路》。

的力学理论需要被修正，而修正之后的理论正是广义相对论和量子力学。

根据广义相对论，如果无限的宇宙均匀地分布着星系物质，那么，这些星系物质产生的引力就会让整个宇宙空间发生收缩。如果宇宙不是分布着星系物质，而是具有压强的物质，比如整个宇宙充满着光子（即电磁波），那么这些物质的压强也会产生引力，这种引力也会导致宇宙空间收缩。当分布物质的压强小于零，那么压强产生的引力就是一种排斥力，它会导致宇宙空间膨胀，如图15-12所示。

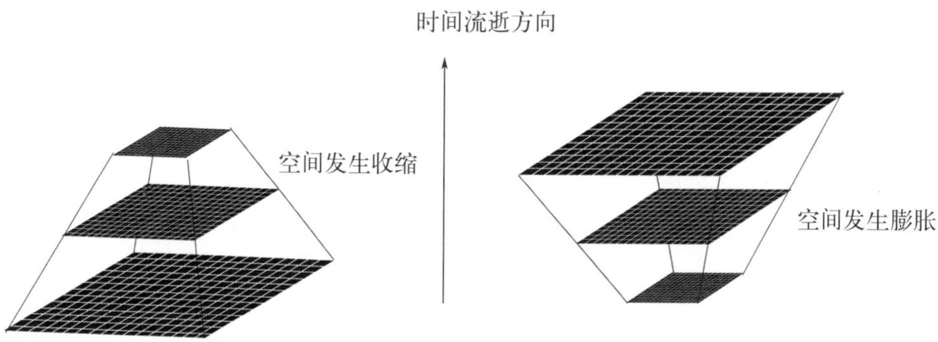

图15-12　根据广义相对论，引力产生的两种效应

那么，广义相对论值得信赖吗？到目前为止，在太阳系内，我们已经对广义相对论进行了充分的实验验证，就像17世纪的牛顿力学在地面上得到了充分验证一样。所以，我们可以将赋予牛顿力学的信任度完全赋予广义相对论。

接下来需要关心的问题是，我们可以将广义相对论推广到大范围，甚至推广到整个宇宙吗？对于这个问题，我们也只能靠观测来回答，下一章将会详细谈论这个话题。

除了广义相对论，量子力学是牛顿力学的另外一种修正理论。当尺度非常小时，物质的存在方式是一些基本粒子。比如在10^{-10}米的尺度上，物质表现为原子的状态。如果原子中电子的能量足够高，原子核和电子就无法结合在一起，从而发生分离。分离出的原子核是更小尺度上的粒子，这个尺度大约为10^{-15}米。

所以，只有能量足够高，一些基本粒子无法聚集成整体，会继续分离出更小的粒子。在今天，我们实验室制造出的最高能量已经可以将质子分裂成夸克。但是，我们还无法制造出更高的能量，让夸克继续分裂成更小的粒子。

这些基本粒子的运动行为与我们生活中物体的运动已经完全不同。描述这些基本粒子运动行为的理论就是量子力学。那么，量子力学值得信赖吗？答案是完全值得信赖，至今为止，还没有一种理论的精确程度高于量子力学。其精确程度有时可达到小数点后10位。

同样，接下来需要关心的问题是，我们可以将量子力学推广到更小的尺度吗？可以推广到什么样的极限程度呢？到目前为止，最大的实验装置——LHC大型粒子对撞机可以撞击出高达10^{13}摄氏度的温度。这样的温度相当于宇宙诞生之后第0.01秒的温度了。所以，从宇宙诞生后第0.01秒开始的计算结果是值得信任的。

第16章 我们已有哪些观测证据

我们可以想象在未来某一天，人类真的可以利用这些原初引力波给宇宙的诞生过程拍一张照片。

在太阳系，广义相对论已经得到实验观测的充分验证，是值得信赖的。在地面的实验里，量子力学也已经得到了实验观测的充分验证，也是值得信赖的。那么，现在的疑问是，我们可以将两个理论推广到整个宇宙吗，可以推广到宇宙生命的任何一个阶段吗？毕竟这些推广过程只是依靠理性思维中的归纳推理来完成的。那么，这一次，我们的理性思维是否可靠呢？是否值得相信呢？

同样，对于这个问题，我们目前仍然只能依靠现代科学的方法来解决，也就是采用广义相对论和量子力学先对整个宇宙进行计算，然后，再将这些计算结果与观测进行核对验证。如果验证通过，那么，在已观测范围内，这些推广就是可靠的。如果计算结果与实验观测不一致，我们就需要重新考虑这些推广过程是否可靠，甚至重新考虑广义相对论和量子力学理论是否可靠。

那么，下面就来看看我们已经获得哪些观测证据。比如说，类似于哥白尼发现太阳是宇宙中心的那种证据是什么呢？类似于开普勒发现行星轨道是椭圆的那种证据又是什么？存在类似于海王星那样被观测验证的预言吗？

如果这样的类似证据都已经被观测到了，那么我们就应该像相信太阳系那样去相信宇宙大爆炸理论。

16.1 哈勃的观测证据——宇宙在膨胀

第一个证据是哈勃观测到宇宙在不断膨胀。这个发现对以往观点的颠覆程度相当于哥白尼日心说对托勒密地心说的颠覆，整个世界观都要为之转向。

当我们想去仔细观测宇宙时，距离的精确测量一直以来都是一个难题。每当测量距离的方法升级换代一次，能够精确测量更远距离之后，所观测的新发现都将颠覆我们对宇宙的已有认知，甚至引发革命。

几千年以来，人类都只能关注恒星的方位，对恒星距离的测量则毫无办法。直到19世纪，我们才能够测量出那些离得很近的恒星的距离，但距离超过几百光年时，我们又无法测量了，比如银河系的邻居——肉眼可见的仙女座大星云到底有多远，直到100年之前仍然是个谜。就在这个时候，人们利用造父变星发明出一种测量距离的新方法，让测量到的距离提升上万倍，从几百光年提升到几百万光年。

测量距离提升上万倍无异于打开一个新世界。当哈勃看向这个新世界时，不可思议的景象出现了，那就是我们周围的星系正在离我们远去，而且距离越远的星系离开得越快，如图16-1所示。这个发现就是著名的哈勃定律，1929年，哈勃因为它被载入史册。

对于哈勃这个出乎预料的观测结果，最著名的解释方式就是宇宙空间自身在不断膨胀，其他解释方式后来都迎来了失败的命运，比如一种观点认为空间没有膨胀，而是每个位置都冒出新的空间来。

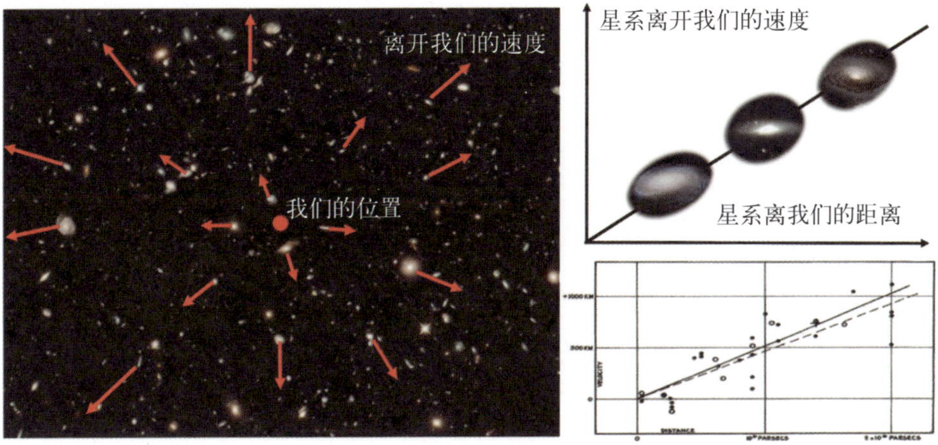

图16-1　哈勃在1929年发现周围星系正在离我们远去

16.2　宇宙物质成分的测量——大爆炸“炸”出的物质

就在伽莫夫和他学生于1948年预言宇宙最古老光存在的同时，他们还利用宇宙大爆炸理论计算出另外一个重要结论，那就是宇宙中所有氢原子数量正好是所有氦原子数量的12倍。这个计算过程严格采用了量子力学，而这个计算结果与今天从星系物质中测量到的结果正好一致，如图16-2所示。

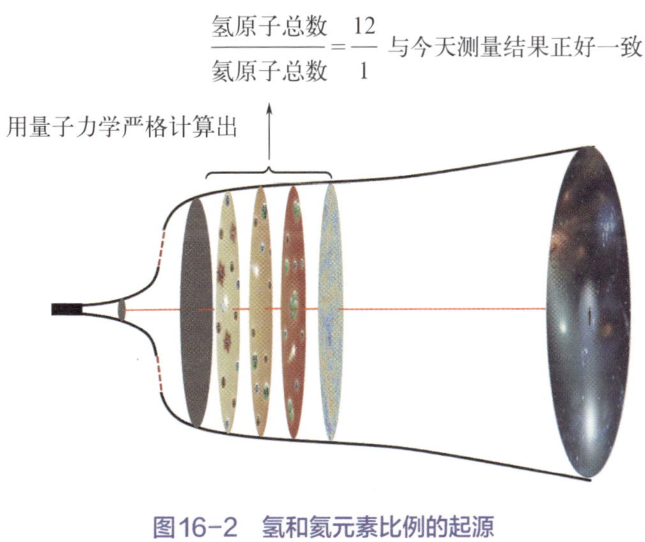

图16-2　氢和氦元素比例的起源

不过，在1948年之前，通过对星系物质测量，我们就已经大体知道了这个结论了。那么，伽莫夫他们的计算结果只是在解释以往的观测事实，所以，在最开始，这个证据并没有引起大家的足够重视。对预言的验证才能够引起轰动，比如大爆炸余热的发现。

16.3 宇宙微波背景辐射——大爆炸产生的余热

哈勃的观测结果导致宇宙大爆炸理论的诞生，或者说，宇宙大爆炸理论是为了解释说明哈勃这个观测结果的。那么，除了哈勃的观测和宇宙物质成分这些证据之外，我们还需要其他观测证据来验证这个理论，特别是需要能够被观测验证的预言，就像海王星的发现对牛顿理论的证明一样。

这样的证据终于在1965年出现了。第6章谈到过，在宇宙诞生之后的最初3分钟，正物质和反物质会发生湮灭，产生巨量的光子。在第38万年之前，这些巨量光子会与带电的原子核和电子不断发生碰撞，从而无法在空间中自由传播。但是，到第38万年的时候，原子核和电子结合成了原子，光子的能量也不再像以前那样巨大。这两个因素导致这些巨量光子不再与物质发生碰撞，从而能够在浩瀚的宇宙空间中自由穿行，不再受任何阻挡。直到今天，这些巨量光子仍然还在我们的宇宙空间中自由穿行着，它们弥漫在整个宇宙空间中。到了1965年，这些来自宇宙最初3分钟诞生的光子正好穿过了两位无线电通信工程师的天线，如图16-3所示。

正是这个发现让宇宙大爆炸理论获得了生命，成了科学界的主流理论。这是因为就在1948年，当伽莫夫和他学生提出宇宙大爆炸理论的时候，他们就已经预言过这些巨量光子的存在，而1965年的这个观测结果正好可以验证当初的预言。与之形成鲜明对比的是，宇宙大爆炸理论之外的其他宇宙理论都没有做

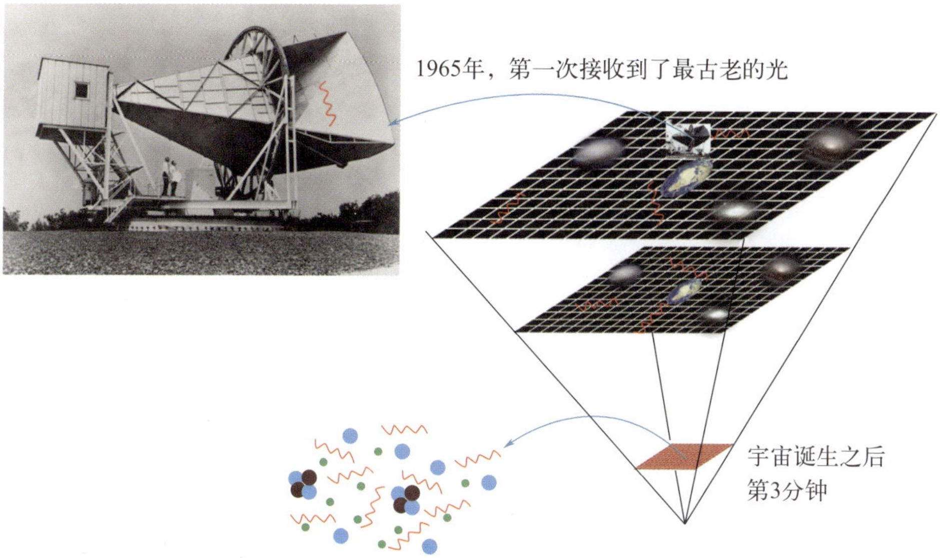

图16-3　宇宙大爆炸理论最值得信赖的证据

出这样成功的预言，从而失去了竞争力，不再成为科学界的主流观点。

这些光子是名副其实的最古老的光。在宇宙中游荡138亿年之后，这些最古老光大多数波长约为1毫米，这属于电磁波的微波类型。而且，这些电磁波和一块温度为－270摄氏度物体散发的热辐射（即电磁波）非常类似，所以这些最古老光称为微波辐射。又因为这些最古老的光弥漫在整个宇宙空间的每个角落，对于星系物质来说，它们就相当于背景一样，所以这些最古老的光的全称叫作宇宙微波背景辐射（cosmic microwavc background,CMB）。

对于研究宇宙的起源来说，这些最古老的光实在太重要了。只要你一想到这些最古老的光都是在宇宙刚刚诞生之后的前3分钟产生的，那么对此就有深刻体会。它们就是宇宙在第38万岁时候的“指纹”，也可以视为第38万岁的宇宙保留到今天的“活化石”。也就是说，当接收到这些最古老光的时候，我们实际上就给38万岁时的宇宙拍摄了一张照片。所以，这些最古老的光就值得我们投入巨资对它们进行仔细测量。到今天为止，我们已经对它们进行过3次精确测量，精度一次比一次高，如图16-4所示。

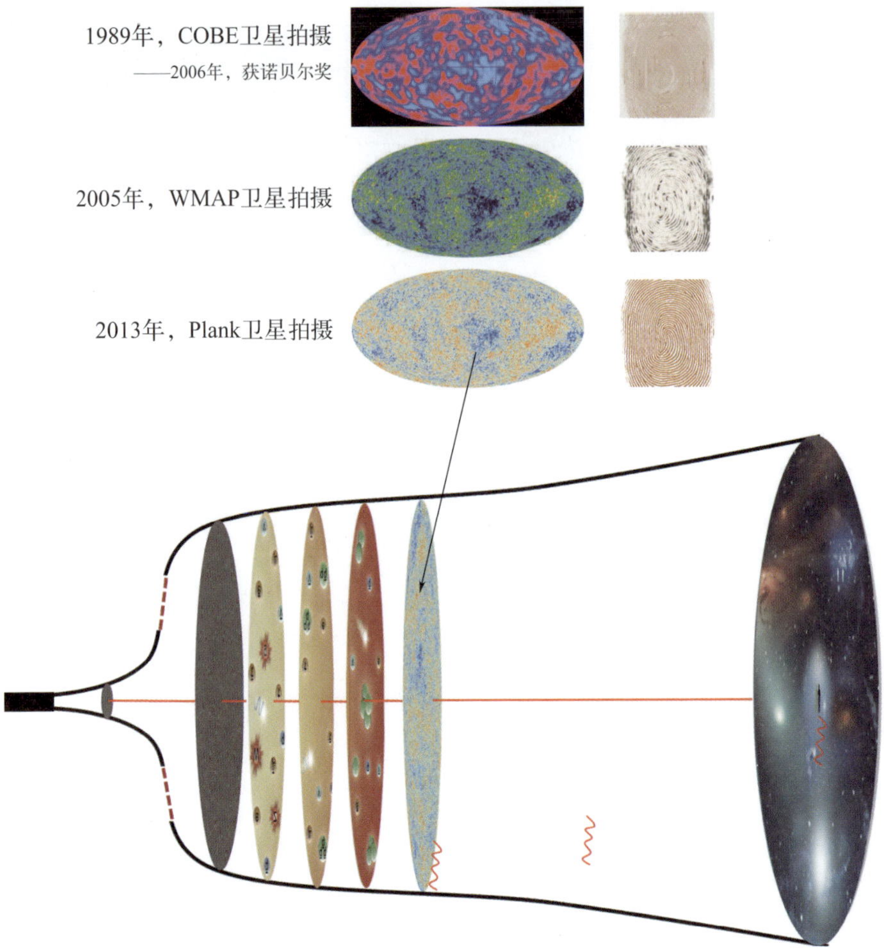

图16-4　利用最古老的光，我们为38万岁的宇宙拍摄的“照片”

随着测量精度的提高，宇宙在第38万岁时候的这些“指纹”越来越清晰。从这些更加清晰的“指纹”中，我们又发现了与宇宙起源有关的更多信息，比如图16-4所示照片中的那些斑点正是宇宙在第10^{-36}秒发生暴胀时所留下的痕迹。今天的宇宙学家们仍然试图从这些“指纹”中找到其他有价值的线索，从而揭开宇宙更多的奥秘。

16.4 暴胀过程留下的“指纹”——星系起源的种子和原初引力波

第3.4节谈到过，由于真空态的量子涨落，宇宙在起源过程中产生了能量密度分布的不均匀性。它们如同宇宙起源所留下的“指纹”。这些不均匀性成为星系起源的种子，同时在第38万年的宇宙微波背景辐射（CMB）图片上留下了痕迹（见图3-21）。那么，通过对星系分布的轮廓和宇宙微波背景辐射的观测，我们就可以对暴胀理论进行验证（见图3-22）。

另外，根据广义相对论，能量密度分布的不均匀性还会导致时空弯曲程度的不均匀性。时空自身的这些不均匀性会形成引力波。由于这种引力波是宇宙诞生时产生的，它们称为原初引力波，如图16-5所示。原初引力波编码了宇宙

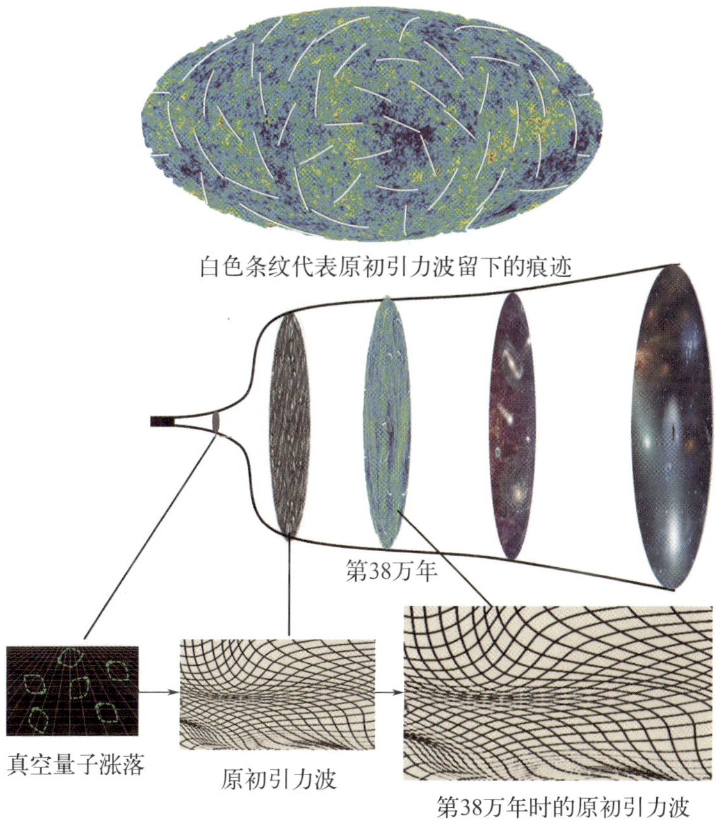

图16-5 未来可以更加直接验证暴胀理论的方法

诞生过程的最原始信息，如果今天还能够接收到这些原初引力波，那就相当于直接接收到了来自宇宙诞生时发出的信号。

那么，我们又该如何在宇宙中搜索到这些原初引力波呢？随着宇宙的演化，宇宙空间的不断膨胀，波长较短的那部分原初引力波将会不断衰减，而波长较长的那部分原初引力波并没有衰减，而是保持不变。到了第38万岁的时候，没有衰减的那部分原初引力波将会在宇宙微波背景辐射上留下痕迹，也就是图16-5中照片上的那些白色条纹。

如果在宇宙微波背景辐射图像上观测到了这些白色条纹，那就代表我们已经观测到了原初引力波。不过，到目前为止，我们还没有确切探测到这些白色条纹，而且，这些白色条纹只代表对原初引力波的间接测量。

那么，在理论上，我们是否有可能对原初引力波进行直接测量？前面谈到过，随着宇宙的演化，波长比较长的那部分原初引力波，并没有衰减，而是一直保留到今天。比如波长超过数万光年的那部分原初引力波在今天仍然还在宇宙中不停地传播着。在未来，如果我们能够找到方法直接探测到这部分引力波，那这就意味着我们直接接收到了来自宇宙诞生时候的信号。而接收到这些信号就相当于直接给诞生过程中的宇宙拍了一张照片，就正如接收宇宙第38万年发出的电磁波就是对第38万年的宇宙拍了一张照片一样，如图16-6所示。

第1章谈到过，在2016年，人类第一次探测到了引力波，从而证明了引力波真的存在。这个发现对于人类具有划时代的意义，因为在证明引力波真的存在之后，我们就可以想象在未来的某一天，人类真的可以利用这些原初引力波对宇宙的诞生过程拍一张照片。那这必定标志着人类对宇宙起源的认知达到一个前所未有的新高度。

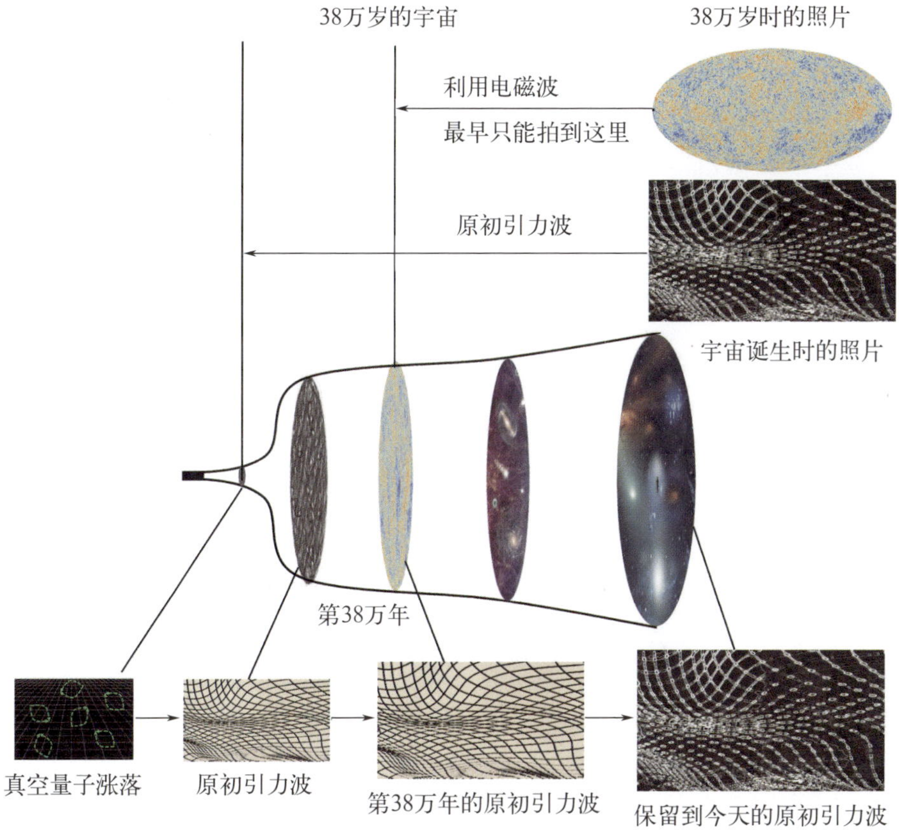

图16-6　在未来，我们或许能对诞生过程中的宇宙直接拍张照片

第 17 章 现代科学方法的局限

今天的我们面对宇宙的处境与19世纪的人们面对太阳系的处境非常类似。到了19世纪，牛顿力学已经取得了巨大成就，很多人已经接受牛顿力学所绘制的宇宙图像。而在今天，很多人也已经接受宇宙大爆炸理论所绘制的宇宙图像。

比如说，当初，牛顿力学能够严格计算出行星的椭圆轨道，这个计算结果与观测数据是吻合的。而在今天，宇宙大爆炸理论能够严格计算出宇宙从第0.01秒到第38万年的演化过程，这个计算结果与观测数据也是吻合的，比如第16.2节、16.3节谈到的证据。

再比如说，当初，牛顿力学预言了海王星的存在，多年之后，我们果真观测到了海王星，这让人们对牛顿力学的信心达到顶峰。而在今天，宇宙大爆炸理论预言宇宙在起源阶段产生过巨量的光，几十年之后，我们果真就观测到了这些最古老的光，这让人们对宇宙大爆炸理论的信心达到顶峰。

在今天的日常生活中，很少有人去怀疑牛顿力学对太阳系的解释，我们已经相信太阳系真的就是按照牛顿力学所计算的结果在运行。于是，我们似乎也可以完全相信宇宙大爆炸理论。

然而，事情并没有这么简单。牛顿力学在之后波折的命运清晰地表明了这一点。具体来说，就在牛顿力学取得辉煌成功的同时，天文观测学家也发现了一些与计算不吻合的现象，比如水星的轨道其实并不是严格的椭圆，而是存在如图17-1所示的进动。这表明牛顿力学其实存在着缺陷。同样，在今天，我们也观测到了宇宙大爆炸理论无法解释的现象，比如宇宙的加速膨胀。这意味着宇宙大爆炸理论也存在着缺陷。

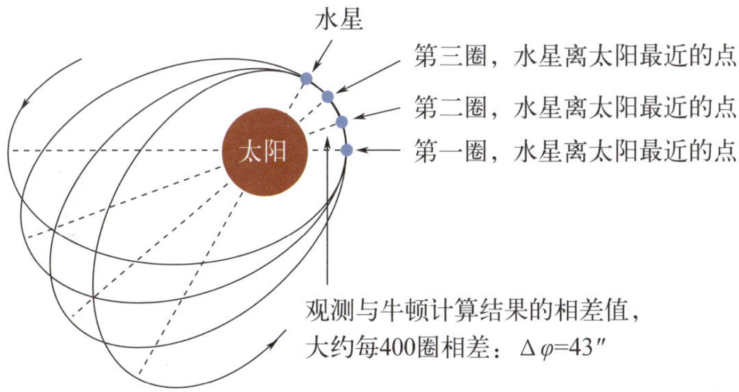

图17-1　水星观测数据与牛顿的计算结果并不完全一致

可是，牛顿力学与宇宙大爆炸理论都是严格按照现代科学方法所构建的理论，它们为什么还存在缺陷呢？这是否意味着依靠现代科学方法所取得的知识也不是绝对可靠的，或者说，现代科学方法本身也存在着难以克服的局限呢？如果真是这样，那么，现代科学方法为什么会存在局限呢？本书的姊妹篇《解读宇宙——人类构建宇宙图像的历程》将会详细谈论这个话题，向大家详细展示：我们的理性思维如何将这些缺陷一步步引入宇宙图像，我们为什么又无法避免这一过程。

参考文献

[1] 苗力田. 亚里士多德全集：第二卷. 北京：中国人民大学出版社，1991.

[2] 柏拉图. 柏拉图全集：第三卷. 王晓朝，译. 北京：人民出版社，2003.

[3] 哥白尼. 天体运行论. 叶式辉，译. 北京：北京大学出版社，2006.

[4] 笛卡儿. 谈谈方法. 王大庆，译. 北京：商务印书馆，2016.

[5] 伽利略. 关于两门新科学的对谈. 戈革，译. 北京：北京大学出版社，2016.

[6] 牛顿. 自然哲学之数学原理. 王克迪，译. 北京：北京大学出版社，2006.

[7] 昂利·彭加勒. 科学的价值. 北京：商务印书馆，2010.

[8] 阿尔伯特·爱因斯坦. 相对论的意义. 北京：北京大学出版社，2013.

[9] 温伯格. 宇宙学. 向守平，译. 合肥：中国科学技术大学出版社，2013.

[10] Ade R A P，Aghanim N，Arnaud M，et al. Planck 2015 results-XIII. Cosmological parameters. Astronomy & Astrophysics，2016，594a13.

[11] Andrew R. Liddle，David H. Lyth. Cosmological Inflation and Large-Scale Structure. 北京：世界图书出版公司，2009.

[12] Scott Dodelson. 现代宇宙学. 张同杰，于浩然，译. 北京：科学出版社，2016.

[13] Carlo. Rovelli. Guantum Gravity. 北京：世界图书出版公司，2008.

[14] 沈贤勇. 破解引力-广义相对论诞生之路. 北京：化学工业出版社，2022.

[15] 沈贤勇. 时空是怎样弯曲的：图解广义相对论. 北京：化学工业出版社，2024.